Forschungsberichte iwb

Band 104

Berichte aus dem
Institut für Werkzeugmaschinen
und Betriebswissenschaften
der Technischen Universität
München

Herausgeber:
Prof. Dr.-Ing. G. Reinhart
Prof. Dr.-Ing. J. Milberg

Springer-Verlag Berlin Heidelberg GmbH

Christoph Feldmann

Eine Methode für die integrierte rechnergestützte Montageplanung

Mit 71 Abbildungen

Springer

Dr.-Ing. Christoph Feldmann
Institut für Werkzeugmaschinen und Betriebswissenschaften (iwb), München

Univ.-Prof. Dr.-Ing. G. Reinhart
o. Professor an der Technischen Universität München
Institut für Werkzeugmaschinen und Betriebswissenschaften (iwb), München

Univ.-Prof. Dr.-Ing. J. Milberg
o. Professor an der Technischen Universität München
Institut für Werkzeugmaschinen und Betriebswissenschaften (iwb), München

D91

ISBN 978-3-540-62059-4 ISBN 978-3-662-06845-8 (eBook)
DOI 10.1007/978-3-662-06845-8

Ursprünglich erschienen bei Springer-Verlag Berlin Heidelberg New York 1997.

Gesamtherstellung: Hieronymus Buchreproduktions GmbH, München.

SPIN: 10560735 62/3020-543210

Geleitwort der Herausgeber

Die Produktionstechnik ist für die Weiterentwicklung unserer Industriegesellschaft von zentraler Bedeutung. Denn die Leistungsfähigkeit eines Industriebetriebs hängt entscheidend von den eingesetzten Produktionsmitteln, den angewandten Produktionsverfahren und der eingeführten Produktionsorganisation ab. Erst das optimale Zusammenspiel von Mensch, Organisation und Technik erlaubt es, alle Potentiale für den Unternehmenserfolg auszuschöpfen.

Um in dem Spannungsfeld Komplexität, Kosten, Zeit und Qualität bestehen zu können, müssen Produktionsstrukturen ständig neu überdacht und weiterentwickelt werden. Dabei ist es notwendig, die Komplexität von Produkten, Produktionsabläufen und -systemen einerseits zu verringern und andererseits besser zu beherrschen.

Ziel der Forschungsarbeiten des *iwb* ist die ständige Verbesserung von Produktentwicklungs- und Planungssystemen, von Herstellverfahren und Produktionsanlagen. Betriebsorganisation, Produktions- und Arbeitsstrukturen und Systeme zur Auftragsabwicklung im Unternehmen werden unter besonderer Berücksichtigung mitarbeiterorientierter Anforderungen entwickelt. Die dabei notwendige Steigerung des Automatisierungsgrads darf jedoch nicht zu einer Verfestigung arbeitsanteiliger Strukturen führen. Fragen der optimalen Einbindung des Menschen in den Produktentstehungsprozeß spielen deshalb eine sehr wichtige Rolle.

Die im Rahmen dieser Buchreihe erscheinenden Bände stammen thematisch aus den Forschungsbereichen des *iwb*. Diese reichen von der Produktentwicklung über die Planung von Produktionssystemen hin zu den Bereichen Fertigung und Montage. Steuerung und Betrieb von Produktionssystemen, Qualitätssicherung, Verfügbarkeit und Autonomie sind Querschnittsthemen hierfür. In den *iwb*-Forschungsberichten werden neue Ergebnisse und Erkenntnisse aus der praxisnahen Forschung des *iwb* veröffentlicht. Diese Buchreihe soll dazu beitragen, den Wissenstransfer zwischen dem Hochschulbereich und dem Anwender in der Praxis zu verbessern.

Joachim Milberg *Gunther Reinhart*

Vorwort

Die vorliegende Dissertation entstand während meiner Tätigkeit als wissenschaftlicher Assistent am Institut für Werkzeugmaschinen und Betriebswissenschaften (iwb) der Technischen Universität München.

Herrn Prof. Dr.-Ing. J. Milberg, dem ehemaligen Leiter dieses Instituts, gilt mein besonderer Dank für seine wohlwollende Förderung und Unterstützung und die Übernahme des Prüfungsvorsitzes.

Herrn Prof. Dr.-Ing. G. Reinhart, dem Leiter des iwb und Ordinarius des Lehrstuhls für Werkzeugmaschinen und Fertigungstechnik, danke ich für die wertvollen Hinweise und die kritische Durchsicht dieser Arbeit.

Herrn Prof. Dr.-Ing. K. Bender, dem Ordinarius des Lehrstuhls für Informationstechnik im Maschinenbau an der TU-München, danke ich für die Übernahme des Korreferats und die aufmerksame Prüfung meiner Arbeit.

Schließlich möchte ich mich bei all den Mitarbeitern und Mitarbeiterinnen des iwb und den Kollegen aus den Arbeitskreisen Methode und Modell des Sonderforschungsbereichs 336 herzlich bedanken, die zum Gelingen dieser Arbeit durch fachliche Diskussion und kritische Durchsicht des Inhalts beigetragen haben.

Zu besonderem Dank bin ich darüberhinaus den Diplomanden Jan Belansky, Ralf Cuiper, Bernd Hommels, Helmut Kirschner, Richard Merzenich, Pierre Reckinger, Frank Schmid, Norbert Schmidt, Ralph Schober, Michael Stelz, Eike Thomsen, Gerd Untermeierhofer und Albert Vontz verpflichtet, die durch ihre Studienarbeiten zur Ausarbeitung der Grundideen meiner Arbeit wesentlich beigetragen haben. Und zuletzt, aber deswegen nicht von geringerer Wertigkeit, gilt mein Dank dem ganzen „CosMonAut"-Team, das mich durch seinen intensiven Arbeitseinsatz stets bestens unterstützt hat.

München, Dezember 1996 Christoph Feldmann

1 Einleitung

1.1 Stand

Die Montagetechnik hat eine herausragende Bedeutung für das verarbeitende Gewerbe in Europa (DELCHAMBRE 1992). Ungefähr 40 Prozent der Kosten von industriell hergestellten Produkten werden der Montage zugerechnet (FAMOS-EUREKA 1987). Auch die aktuellen Zahlen untermauern diesen Sachverhalt. Der Auftragseingang im Bereich von Montage- und Handhabungstechnik stieg in Deutschland 1995 gegenüber 1994 um mehr als 40 Prozent an und nimmt damit den Spitzenplatz im gesamten Maschinenbaubereich ein (VDMA 1996).

Der Einsatz von Montagetechnik muß gezielt geplant werden. Die dafür zur Verfügung stehende Zeit wird bedingt durch den Wettbewerbsdruck zunehmend kürzer. Dies wird durch eine 1995 durchgeführte Studie (PRTM 1996), an der 210 High-Tech-Unternehmen teilnahmen, bestätigt. Sie ergab, daß zwischen 1992 und 1995 die Zeit von der Produktidee bis zur Markteinführung (Time-to-Market) bereits durchschnittlich um 10 Prozent reduziert worden ist. Bis 1998 soll dieser Zeitraum um weitere 21 Prozent gekürzt werden. Dabei gilt dem Bereich der Produktentwicklung, dem die Montageplanung zugerechnet wird, ein besonderes Augenmerk: „*Die meisten der befragten Unternehmen erklärten als eines ihrer Ziele, den Produktentwicklungsprozeß im kommenden Jahr weiter zu verbessern und investieren entsprechend*".

Die anzustrebende Verbesserung läßt sich durch eine kürzere Time-to-Market, durch niedrigere Herstellkosten und höhere Produktqualität charakterisieren.

Eine Verkürzung der Durchlaufzeit im Planungsbereich, und damit der Time-to-Market, kann über verschiedene Maßnahmen erzielt werden. Zum einen bedarf es einer **Planungsmethode**, die trotz der komplexen Tätigkeit optimale Abläufe gewährleistet, und die die Parallelisierung von sequentiellen Prozessen der Produktentwicklung ermöglicht. Zum anderen ist der Mitarbeiter von Routinetätigkeiten zu entlasten. Dafür bietet sich nach der einhelligen Meinung vieler Autoren die **Rechnerunterstützung** an (MILBERG 1988, BULLINGER & SEIDL 1989, FELDMANN & REINISCH 1992). Rechnerunterstützung macht **rechnerinterne Modelle** erforderlich (WEICHAND 1985, SCHUSTER 1992). Dabei ist es entscheidend, daß die unterschiedlichen

Rechnerwerkzeuge mit den selben Modellen arbeiten. Andernfalls ergeben sich aus redundanter Datenhaltung verschiedene Fehlerquellen, die zu Dateninkonsistenz führen können.

Die Herstellkosten und die Qualität des Produktes sind ihrerseits stark von der Qualität des Produktentwicklungsprozesses abhängig. Die Herstellkosten können durch frühzeitiges Erkennen von Fehlern an Produkt und Herstellungsprozeß deutlich reduziert werden. SCHINKEL (1992) und WILDEMANN (1992) sehen zwischen der Länge des Zeitraums bis zur Fehlererkennung und den durch den Fehler verursachten Kosten einen exponentiellen Zusammenhang.

Da die wachsende Komplexität und der höhere Aufwand in der Planung Fehler fördern, ist es unter den aktuellen Vorzeichen um so wichtiger, Ergebnisse frühzeitig zu validieren und die interdisziplinäre Zusammenarbeit von allen Know-how-Trägern, insbesondere von Konstrukteur und Planer, methodisch zu untermauern. Es werden zwar 70 % der Maßnahmen zur Senkung der Herstellkosten von der Konstruktion durchgeführt. Der überwiegende Teil dieser Maßnahmen kann aber nur gemeinsam mit Produktion und Beschaffung festgelegt werden (LINDEMANN 1993).

1.2 Zielsetzung

Aus dieser Betrachtung ergeben sich für den Bereich der Montageplanung die folgenden Ziele:

- Es muß eine **Methode** für die Abwicklung der Montageplanung parallel zur Konstruktion gefunden werden, die die unterschiedlichen Teilaspekte der Planung vereint. Eine derartige Methode muß für die frühzeitige Fehlererkennung eine optimale Abstimmung von Konstruktion und Planung bieten (vgl. Bild 1-1).

- Für eine effiziente **Rechnerunterstützung** der Methode soll ein computergestütztes Planungswerkzeug entwickelt werden, das es ermöglicht, die relevanten Merkmale der geplanten Montageanlage am einheitlichen **rechnerinternen Modell** zu analysieren.

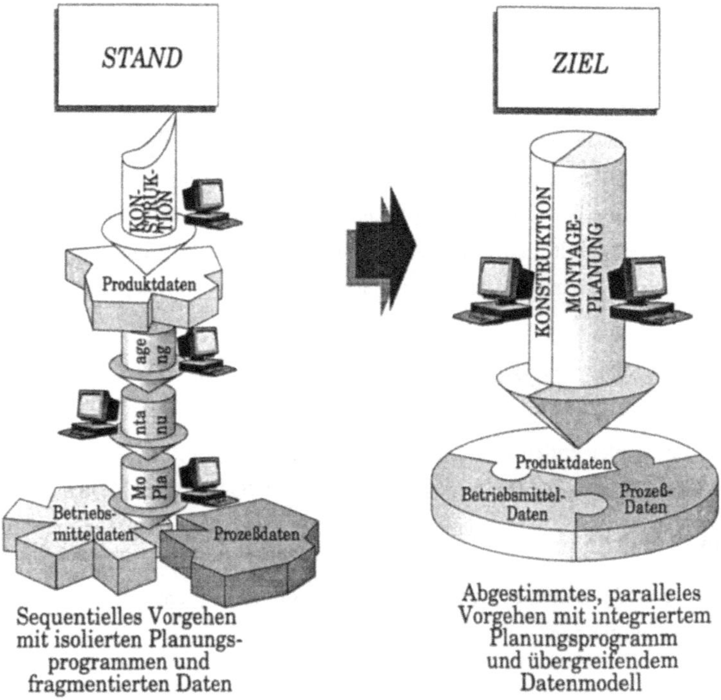

Bild 1-1: Derzeitiger Stand der Technik und Ziel dieser Arbeit

Diese Zielvorstellung wird durch Bild 1-1 veranschaulicht. Während die herkömmlichen Vorgehensweise durch das isolierte und sequentielle Arbeiten von Konstruktion und Montageplanung gekennzeichnet ist, wird mit der neuen Methode ein integriertes und paralleles Vorgehen angestrebt. Die bisher fragmentierten Daten sollen dabei zu einem einheitlichen Modell verschmolzen werden. Die Rechnerunterstützung ist streng genommen die Umsetzung der Planungsmethode und dient der Montageplanung, die im Prinzip auch mit Papier und Bleistift durchgeführt werden kann, als beschleunigender Faktor.

1.3 Aufbau der Arbeit

Stand

Zur Einführung in die Thematik der Montageplanung werden im Anschluß an dieses einleitende Kapitel die zum Verständnis notwendigen Grundlagen dargelegt. Zunächst werden die Teilaufgaben der Montageplanung gesammelt und systematisiert, um das in dieser Arbeit behandelte Themengebiet abzustecken. Die sich aus den Grundlagen ergebenden Anforderungen an eine rechnergestützte Montageplanung werden abgeleitet.

Im darauf folgenden Kapitel 3 wird untersucht, welche der aufgestellten Anforderungen durch die in der Literatur vorgeschlagenen Lösungsansätze abgedeckt werden können. Die verbleibenden Anforderungen sind der Ausgangspunkt der Entwicklung des Konzeptes für die „Methode für die integrierte rechnergestützte Montageplanung".

Konzept

Der konzeptionelle Teil setzt sich aus den Abschnitten zur Planungsmethode und zum Datenschema zusammen.

Im Kapitel 4 zur Planungsmethode werden die in Kapitel 2 gesammelten Planungsaufgaben entsprechend ihrer Abhängigkeit von Planungs- und Konstruktionsergebnissen gegliedert. Zu diesem Zweck werden die Aspekte der Synthese und Analyse eines rechnerinternen Anlagenmodells und der Abstimmung zwischen Konstruktion und Montageplanung untersucht. Ferner wird der Einfluß der Flexibilität einer Altanlage auf den Umfang einer Anpassungsplanung betrachtet. Darauf aufbauend wird eine Methode hergeleitet, mit der problem- und situationsspezifische Vorgehensweisen für die rechnergestützte Montageplanung entworfen werden können.

Die sich aus der Planungsmethode ergebenden Anforderungen führen im Kapitel 5 zur Entwicklung eines Datenschemas, das als Grundlage für die Synthese und Analyse von rechnerinternen Montageanlagen-Modellen dienen kann. Dieses ist wiederum die Basis für die Rechnerunterstützung der Montageplanung.

Umsetzung

In Kapitel 6 wird das zur Veranschaulichung und Verifizierung des Konzeptes entwickelte Planungssystem CosMonAut (**Co**mputersystem zur **Mon**tage-**Aut**omatisierung) vorgestellt. Dabei steht der Aufbau des Systems aus verschiedenen Softwaremodulen und die Struktur der Benutzeroberfläche im Mittelpunkt der Betrachtung.

Anwendung

Kapitel 7 verdeutlicht die Anwendung von Planungsmethode und rechnergestütztem Planungssystem durch die beispielhafte Montageplanung für ein elektromechanisches Produkt. Die Synthese des rechnerinternen Modells der Montageanlage dient dabei als roter Faden durch die einzelnen Teilschritte der Planung.

Zum Abschluß wird zur Dokumentation der Funktionalität des Planungssystems auf zwei industrielle Einsätze des Systems eingegangen.

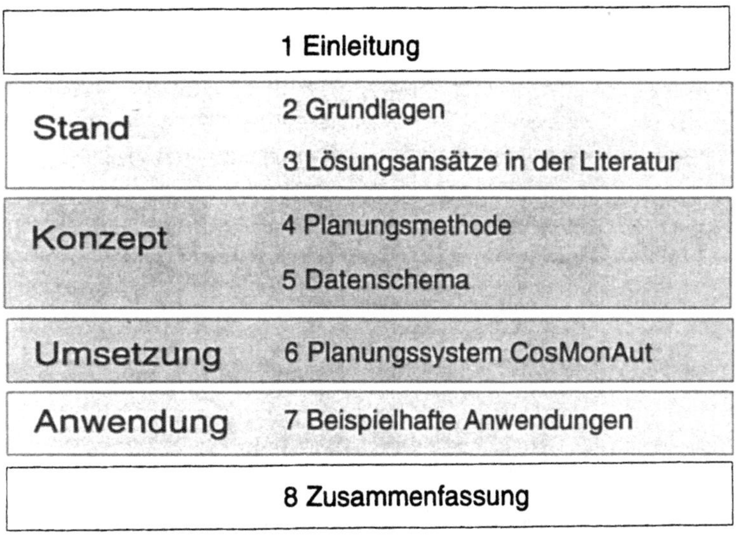

Bild 1-2: Die Arbeit gliedert sich in die sechs Abschnitte Einleitung, Stand, Konzept, Umsetzung, Anwendung und Zusammenfassung

2 Grundlagen der rechnergestützten Montageplanung

Dieses Kapitel hat die Aufgabe, in die Problematik der rechnergestützten Montageplanung einzuführen.

Die Montageplanung als Unternehmensbestandteil kann nicht isoliert betrachtet werden. Zum besseren Verständnis wird in Kapitel 2.1.1 dargestellt, wie die Montageplanung hinsichtlich des Informationsflusses in den Unternehmenskontext eingebettet ist.

Art und Umfang der Montageplanung können je nach Fragestellung sehr stark divergieren. Zur Verdeutlichung der Problemstellung dieser Arbeit wird deswegen zunächst in Kapitel 2.1.2 erläutert, wie sich die Montageplanung in den Auftragsdurchlauf einfügt. Welche Arbeitsinhalte die Montageplanung konkret beinhalten kann, wird in Kapitel 2.1.3 vorgestellt.

Für die Entwicklung einer Rechnerunterstützung der Planung ist es notwendig, sich mit den Grundlagen von Softwarestrukturen auseinanderzusetzen. In Kapitel 2.2.1 werden deswegen für das Verständnis nötige Begriffe aus der Datentechnik geklärt und ihre Bedeutung im Rahmen der vorliegenden Arbeit beschrieben. Kapitel 2.2.2 beschreibt die grundlegende Problematik der redundanten Datenverwaltung.

Zum Abschluß werden in Kapitel 2.3 die sich aus der allgemeinen Problematik der rechnergestützten Montageplanung ergebenden Anforderungen zusammengestellt.

2.1 Montageplanung

2.1.1 Einordnung im Informationsfluß

Die Montageplanung ist über ein kompliziertes Netz von Informationsflüssen in ihr Umfeld eingebunden. Die Autoren BULLINGER U. A. (1986) und DEUTSCHLÄNDER (1989) fordern deswegen die ganzheitliche Planung, die auch die Belange der benachbarten Bereiche berücksichtigt. Es wird dabei zwischen den Informationsflüssen zu betriebsinternen und zu betriebsexternen Bereichen unterschieden. Die von

BULLINGER und DEUTSCHLÄNDER genannten Kommunikationspartner werden in Bild 2-1 dargestellt.

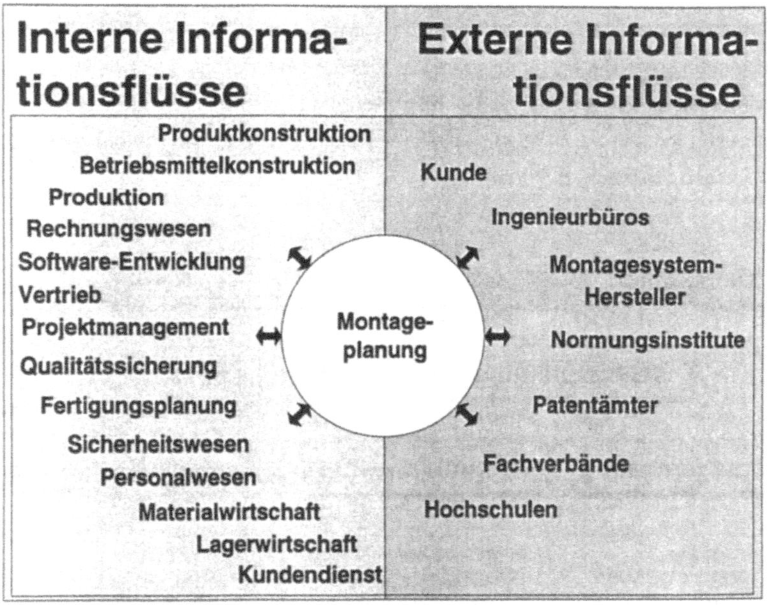

Bild 2-1: Kommunikationspartner des Montageplaners (vgl. BULLINGER U. A. 1986 und DEUTSCHLÄNDER 1989)

Der Schwerpunkt dieser Arbeit liegt dabei auf der Abstimmung mit der Konstruktionsabteilung. Die Montageplanung erhält einerseits die Produktinformation von der Konstruktion und gibt andererseits die durch die Montagetechnik vorgegebenen Randbedingungen für die Konstruktion vor. Darüber hinaus werden aber auch Aufgaben der Betriebsmittelkonstruktion, der Qualitätssicherung und des betrieblichen Rechnungswesen, das die Kosten der geplanten Montageeinrichtung feststellt, betrachtet werden.

2.1.2 Einordnung im Auftragsdurchlauf

Die Montageplanung ist als Teilschritt der Arbeitsplanung und damit als Unterstruktur der Arbeitsvorbereitung zu verstehen (siehe Bild 2-2). Sie schließt sich an die Konstruktion an und geht der Arbeitssteuerung voraus. Andere Aufgaben der Arbeitsplanung, wie die Fertigungsplanung oder die Materialplanung, können parallel zur Montageplanung ablaufen. Nach EVERSHEIM (1989) kann man die einzelnen Planungsaufgaben in langfristige, kurzfristige und in solche, die sowohl lang- als auch kurzfristig anfallen, gliedern.

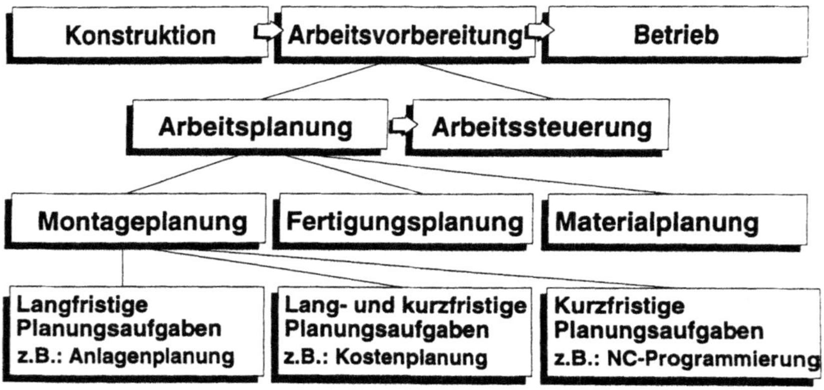

Bild 2-2: Einordnung der Montageplanung in die Arbeitsvorbereitung und Untergliederung (vgl. EVERSHEIM 1989)

In der Montageplanung wird im folgenden zwischen vier verschiedenen Anwendungsfällen unterschieden werden. Zur Einordnung dienen die Fragen:

- Ist die Konstruktion zu Beginn der Montageplanung schon abgeschlossen?
- Soll das neue Produkt auf einer bestehenden Montageeinrichtung montiert (Anpassungsplanung), oder muß von Grund auf eine neue Montageeinrichtung geplant werden (Neuplanung)? Die Begriffe *Anpassungsplanung* und *Neuplanung* wurden (BULLINGER U. A. 1986, S. 50) entnommen.

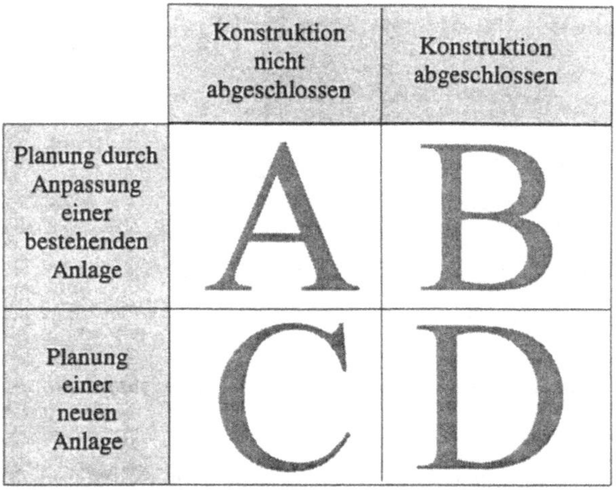

Bild 2-3: Unterschiedliche Anwendungsfälle der Montageplanung

Damit ergeben sich die Anwendungsfälle A bis D in Bild 2-3. In der Regel werden die Fälle A und C im Rahmen eines konkreten Produktentwicklungsauftrags ausgelöst. Hier kann die Montageplanung im Auftragsdurchlauf parallel zur Konstruktion durchgeführt werden. Das sich dadurch ergebende Verbesserungspotential gegenüber B und D, bei denen kein paralleles Vorgehen möglich ist, kann aber nur durch eine entsprechende methodische Unterstützung erschlossen werden. Die Entwicklung einer solchen Methode wird deswegen Inhalt von Kapitel 4 sein. Fall B kann zum Beispiel von Problemen mit einer bestehenden Anlage ausgelöst werden. Im Fall D handelt sich um das typische Problem von Zulieferfirmen, die häufig nicht an der Produktentwicklung ihrer Kunden beteiligt werden.

In den Fällen A und B ist der Planungsaufwand erheblich geringer als in den Fällen C und D, da bei A und B die eigentliche Anlagenplanung, die zu den langfristigen Planungsaufgaben zählt, bereits erledigt wurde. Der Planungsaufwand kann allerdings je nach gewähltem Montageprinzip sehr unterschiedlich sein.

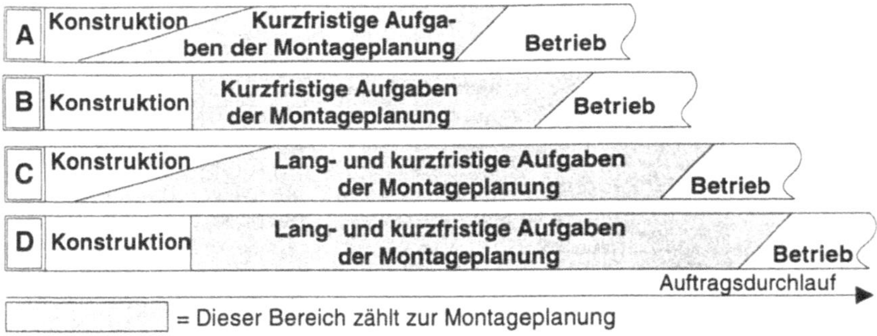

Bild 2-4: Einordnung der Montageplanung in den Auftragsdurchlauf

Jeder der Fälle ordnet sich anders in den Auftragsdurchlauf ein (vgl. Bild 2-4). Bei A und C überlappt sich die Montageplanung zeitlich mit der Konstruktion. Bei B und D schließt sich die Montageplanung sequentiell an die Konstruktion an.

2.1.3 Planungsaufgaben

In der Literatur gibt es keine Übereinkunft über die Inhalte der Montageplanung. Als Grundlage für die Entwicklung einer Planungsmethode ist es deswegen zunächst nötig, festzulegen, welche Planungsaufgaben in die Betrachtung einbezogen werden sollen, und wie sie definiert sind.

Dies wird im folgenden in Anlehnung an die in der Literatur getroffenen Begriffsdefinitionen geschehen. Jede Planungsaufgabe wird dazu kurz vorgestellt, um ein besseres Verständnis der Montageplanung zu ermöglichen.

Zusätzlich werden die Planungsaufgaben, als Grundlage für die in Kapitel 4 zu entwickelnde Systematik, in vier Kategorien aufgeteilt (Siehe Bild 2-5). Entsprechend ihrer Zugehörigkeit zu den Kategorien erhalten die Planungsaufgaben eine Kennzeichnung. Die Kennzeichnung setzt sich aus den Buchstaben P (für Produkt) oder M (für Montageanlage beziehungsweise Montageeinrichtung), S (für Synthese) oder A (für Analyse) und einer laufenden Nummer zusammen.

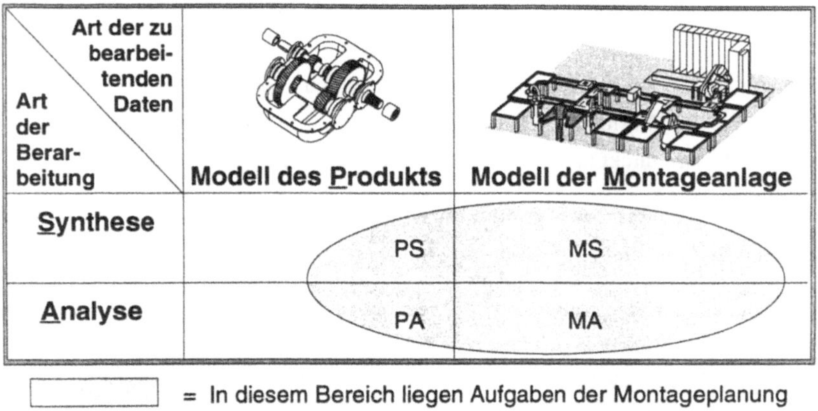

Bild 2-5: Gliederung der Planungsaufgaben in vier Kategorien mit den Kennzeichen PS, PA, MS und MA

Es ergeben sich die vier Kategorien PS, PA, MS und MA. Es wird dabei nach der Art der zu bearbeitenden Daten (Produkt- oder Montageanlagendaten) und der Art der Bearbeitung (Synthese oder Analyse) unterschieden. Zum einen gibt es die Planungsaufgaben, die die Beschreibung des Produktes beziehungsweise der Montageanlage vervollkommnen und damit ein rechnerinternes Modell „synthetisieren". Zum anderen gibt es die Planungsaufgaben, die das rechnerinterne Modell von Produkt beziehungsweise Montageanlage „analysieren".

Die aufsteigenden Zahlen der laufenden Nummer orientieren sich bei den Syntheseschritten an der Reihenfolge der Abarbeitung. Parallelitäten in der Abarbeitung werden allerdings bei der Numerierung nicht berücksichtigt. Bei den Analyseschritten ist die Numerierung willkürlich.

Aufgaben aus dem Realisierungs- und Inbetriebnahmebereich werden, wie schon erwähnt, im Rahmen dieser Arbeit weitgehend ausgeklammert. Typische Aufgaben aus diesen Bereichen wären zum Beispiel die Beschaffung der Betriebsmittel, der Aufbau der Anlage und die Personaleinsatzplanung.

Die in Kapitel 2.1.2 erwähnte Trennung in kurz- und langfristige Planungsaufgaben wird erst im Konzeptteil dieser Arbeit wieder aufgegriffen werden. Sie wird dort für die Zuordnung von Planungsaufgaben zu den Anwendungsfällen A bis D benötigt.

2.1.3.1 Synthese der Produktinformation

Obwohl der Schwerpunkt der Montageplanung auf Synthese und Analyse der Montageanlageninformation liegt, werden in der Literatur einige Planungsaufgaben genannt, die sich direkt mit der Produktinformation auseinandersetzen.

PS-1. Strukturieren des Produktes entsprechend der Montagereihenfolge (BULLINGER U. A. 1986, S. 89FF)

In vielen Fällen wird vom Planer zur Vereinfachung des manuellen Montagevorganges eine eigene Stücklistenstruktur erstellt, die das Produkt dem Montageablauf entsprechend gliedert. Der Monteur kann daraus entnehmen, welche Bauteile er zu welchen Baugruppen zusammenfügen muß. Die Montageproduktstruktur wird sich in der Regel von der Konstruktionsproduktstruktur unterscheiden. Das Ergebnis dieser Planungsaufgabe sind Strukturbäume, oder Struktur- beziehungsweise Baukastenstücklisten.

PS-2. Detaillieren des Produktes unter Ausnutzung von Gestaltungsfreiräumen (LINNER 1995, S. 55FF)

Dieser Planungsschritt kann nur dann durchgeführt werden, wenn der Konstrukteur, wie von Linner gefordert, dem Planer Gestaltungsspielräume läßt. Diese Spielräume beziehen sich in der Regel aber nicht auf Funktion und Funktionsstruktur des Produktes, sondern auf Art, Anzahl und Anordnung von Bauteilen, auf Werkstoff, Gestalt und Dimension des Produktes. Der Planer füllt diese Spielräume im Laufe der Planung seinen Anforderungen entsprechend aus.

2.1.3.2 Analyse der Produktinformation

PA-1. Montagekostenabschätzung (BULLINGER U. A. 1986, S. 71FF)

Nach Aufstellung der Prinziplösungen werden die Kosten für die Montage mittels Schätzung, Kilokostenmethode, Materialkostenmethode, Kalkulation nach Erfahrungsdaten oder Kalkulation mittels Kostenfunktionen ermittelt. Diese Analyse wird zu einem sehr frühen Planungszeitpunkt durchgeführt und baut fast ausschließlich auf Produktinformation auf.

PA-2. Analyse hinsichtlich montagegerechter Konstruktion (PAHL & BEITZ 1993)(ANDREASEN U. A. 1985)(BARTHELMEß 1987) (FELDMANN 1992, S. 7)(EHRLENSPIEL 1995, S. 528 FF)

Bei der Konstruktion eines Produktes sollten stets die Regeln zur montagegerechten Konstruktion berücksichtigt werden. Zusätzlich ist es nötig, daß diese Untersuchung aus der spezifischen Sicht des Planers oder sogar des Monteurs wiederholt wird.

In dieser Arbeit werden die folgenden Regeln, die keinen Anspruch auf Vollständigkeit erheben, berücksichtigt:

a) Produkte aus vielen Einzelteilen sollten baugruppenweise montierbar sein.

b) Die Bauteile sollten sich beim Speichern nicht verhaken.

c) Die Bauteile sollten sich leicht handhaben lassen.

d) Die Lagemöglichkeiten des noch nicht montierten Bauteils sollte leicht unterscheidbar sein.

e) Die Anzahl der Fügeoperationen sollte möglichst klein sein.

f) Für jede Baugruppe sollte es genau ein Basisteil geben, in das alle Bauteile ohne Aufspannungswechsel eingebaut werden können.

g) Es sollte eine einheitliche Fügerichtung herrschen.

h) Die Einbauposition eines Bauteils sollte eindeutig sein.

i) Gegebenenfalls sollte eine Justage einfach möglich sein.

j) Das korrekte Montageergebnis sollte leicht überprüfbar sein.

k) Es sollten keine leicht verwechselbaren Bauteile verwendet werden.

PA-3. Abgleich mit Betriebsmittelgeometrien (SCHUSTER 1992, S. 77)

Auf der Seite der Konstruktion sollten bei der Gestaltung der Geometrien des Produktes von vornherein die zur Verfügung stehenden Standardbetriebsmittel berücksichtigt werden. Der Montageplaner wird im Idealfall diese Untersuchung erst vornehmen, wenn er ganz konkrete Lösungen verfolgt. Sowohl aus Einzelteil- als auch aus Baugruppengeometrien ergeben sich Restriktionen für Betriebsmittel, die direkten Kontakt mit den Bauteilen haben.

PA-4. Fügekraftanalysen (PFEIFFER U. A. 1994)

Das Produkt kann mit geeigneten rechnergestützten Verfahren hinsichtlich seines kinematischen und kinetischen Verhaltens beim Montageprozeß untersucht werden.

PA-5. Entfeinerung und Abgleich (HEINZL U. A. 1994)

Insbesondere bei der automatisierten Montage sind enge Fertigungstoleranzen der zu fügenden Bauteile gefordert. Bei statisch überbestimmten Baugruppen verstärkt sich diese Problematik durch das Zusammenspiel verschiedener Toleranzsituationen. Eine entsprechende Untersuchung erlaubt eine gezielte Optimierung der Produktgeometrien hinsichtlich der Fügefähigkeit.

PA-6. 3D-Simulation (SCHUSTER 1992)

Die 3D-Simulation wird zur Visualisierung von Füge- (a) und Demontageprozeß (b) eingesetzt, damit zum Beispiel fehlende Fasen beziehungsweise Schrägen frühzeitig erkannt werden können.

2.1.3.3 Synthese der Montageanlageninformation

MS-1. Erfassen der Ausgangssituation (BULLINGER U. A. 1986, S. 59FF)(GROB & HAFFNER 1982, S. 37FF,50FF)(REFA 1987, S. 121FF)

Es werden Daten über den Auftrag, über die Projektorganisation, über den Ist-Zustand der Montagesysteme (einschließlich Schwachstellenanalyse), über das verfügbare Personal und über den Kosten- und Zeitrahmen erfaßt. In der Literatur werden in diesem Schritt auch die gesamten produktspezifischen Daten zusammengetragen.

MS-2. Ermitteln der Planungsziele (BULLINGER U. A. 1986, S. 62FF)(GROB & HAFFNER 1982, S. 44FF,53FF)

Aus Problemen des Ist-Zustands und aus Anforderungen an die Zukunft wird ein gewichtetes Zielsystem aufgestellt. Mögliche Ziele sind zum Beispiel Flexibilität bezüglich Typenvielfalt und Flexibilität bezüglich Stückzahlschwankungen.

MS-3. Entwerfen von Prinziplösungen (BULLINGER U. A. 1986, S. 67FF)(BOOTHROYD &DEWHURST 1987)

Boothroyd und *Dewhurst* haben zum Beispiel eine Methode entwickelt, um ausgehend von der Stückzahl des Auftrags, der Anzahl der Produkteinzelteile, der Investitionsstrategie des Unternehmens etc. entscheiden zu können, welche Art von Montageanlage (Manuell, starr automatisiert oder flexibel automatisiert) voraussichtlich am wirtschaftlichsten sein wird.

In dieser Planungsaufgabe kann außerdem festgelegt werden mit welchen Gestaltungsmaßnahmen, wie zum Beispiel Kapazitätsteilung oder Überdimensionierung technischer Stationen, die Planungsziele erreicht werden können. Als Ergebnis erhält der Planer die charakteristischen Grundmerkmale des zu planenden Montagesystems.

MS-4. Planen von Fügefolgen (BULLINGER U. A. 1986, S. 94FF) (PARK 1992, S. 37)(TÖNSHOFF & PARK 1991)(UNGEHEUER 1986)(FELDMANN 1992, S. 21FF)

In dieser Planungsaufgabe werden, aufbauend auf der Produktstruktur, die Reihenfolgen ermittelt, in denen die Einzelteile eines Produktes gefügt werden können. In der konventionellen Montageplanung wird dieses Ergebnis in Form von Montagevorranggraphen dargestellt. Fügereihenfolgen dienen dem Montageplaner ferner zur Entwicklung einer montagegerechten Erzeugnisstruktur (Siehe PS-1).

MS-5. Entwurf des Ablaufplans (BULLINGER U. A. 1986, S. 94FF)(GROB & HAFFNER 1982, S. 61FF)

Diese Planungsaufgabe baut auf den Vorranggraphen auf und liefert als Ergebnis den Ablaufplan (auch „Verrichtungsfolgegraph“ genannt). Wird der Ablaufplan in Listenform dargestellt, spricht man von Teilverrichtungslisten. Im Vergleich zum Vorranggraphen enthält der Ablaufplan nicht nur die Reihenfolge der Fügevorgänge, sondern er beinhaltet auch alle anderen Vorgänge, die im Rahmen der Montage nötig sind, wie zum Beispiel "Speichern", "Fördern" oder "Prüfen". Bei der Anordnung der Prüf-Vorgänge sind die Aspekte des Qualitätsmanagements miteinzubeziehen. Näheres zur Festlegung der Prüfhäufigkeit und des Prüfzeitpunktes findet sich in der VDI/VDE/DGQ RICHTLINIE 2619 (1985).

Der Ablaufplan wird im weiteren Verlauf der Montageplanung auch die an den einzelnen Vorgängen beteiligten Betriebsmittel und die Sollzeiten zugewiesen bekommen. Der bei der manuellen Montage notwendige „Arbeitsplan“ enthält nur eine Teilmenge der Information aus dem Ablaufplan und kann deswegen aus ihm abgeleitet werden.

MS-6. Umsetzungskonzept für Teilbereiche (BULLINGER U. A. 1986, S. 277, 283-299)

Aufbauend auf die Analyse der Arbeitsinhalte hinsichtlich ihrer Automatisierbarkeit (siehe Analyseaufgaben) wird zunächst festgelegt, welche Arbeitsinhalte automatisiert werden können. Prozeß und Einsatz der Betriebsmittel werden grob skizziert, wobei in der Regel zunächst mehrere Lösungsalternativen erwogen werden. In diesem Arbeitsschritt müssen auch die nach DIN ISO 9000FF erforderlichen Prüfmethoden (Siehe auch PFEIFER 1993) ausgewählt beziehungsweise entworfen werden.

Die fertigen Umsetzungskonzepte können erste Anhaltspunkte für die Vorgabezeitschätzung ergeben (siehe Analyseaufgaben). Die Vorgabezeiten und die Markierung der automatisierbaren Bereiche sind Voraussetzung zur Durchführung von MS-7 *Kapazitätsteilung.*

MS-7. Kapazitätsteilung (BULLINGER U. A. 1986, S. 126FF, 161FF)(MERZ 1987)(GROB & HAFFNER 1982, S. 62,63)

Der Kapazitätsbedarf wird anhand der Vorgabezeiten gleichmäßig auf die Arbeitsplätze verteilt. Ferner wird festgelegt, welche der, laut MS-6, potentiell automatisierbaren Arbeitsschritte zu automatisieren sind, damit die erforderlichen Takt- und Durchlaufzeiten erzielt werden. Zwischen den beiden Extremen Artenteilung (An jedem Arbeitsplatz wird nur ein Teilvorgang bearbeitet.) und Mengenteilung (An jedem Arbeitsplatz werden alle Teilvorgänge bearbeitet.) ergibt sich ein breites Spektrum an Lösungsmöglichkeiten.

Diese Planungsaufgabe wird erschwert, wenn auf einem Arbeitsplatz in einem verketteten Montagesystem mehrere Varianten bearbeitet werden sollen, da wegen der Verkettung der Arbeitsumfang für alle Varianten gleich sein sollte. In diesem Fall spricht man von "Leistungsabstimmung".

MS-8. Entwerfen der Prinzipanordnung (BULLINGER U. A. 1986, S. 166FF; 275FF)(GROB & HAFFNER 1982, S. 78FF)

Das wesentliche Ziel dieser Aufgabe liegt in der groben räumlichen Anordnung und Verkettung einzelner Arbeitsplätze und Arbeitsstationen zu Teilsystemen und von Teilsystemen zu Montagesystemen. Bei der Entwicklung der Prinzipanordnung muß auch das Produktionsprogramm berücksichtigt werden, damit Modell-Mix-Verluste gering gehalten werden können. Aus der Prinzipanordnung läßt sich auch der angenäherte Flächenbedarf ableiten.

MS-9. Auswahl und Konstruktion von Zubringeeinrichtungen (LOTTER 1982, S.61- 118)(BARTHELMEß 1987, S. 53)(BULLINGER & LUNG 1994,S. 81)

Sowohl für die manuelle als auch für die automatische Montage müssen die zu fügenden Bauteile lagegerecht angeboten werden. Um dies zu erreichen, muß der Planer Zubringeeinrichtungen vorsehen, die die ungeordneten Teile vereinzeln und in der für den Montagevorgang richtigen Lage zur Verfügung stellen. Eine typische Zubringeeinrichtung ist zum Beispiel eine Kombination aus Schwingförderer, Vereinzelungsschikane und Auslaufschiene. Zubringeeinrichtungen können bei Montageanlagen beliebigen Automatisierungsgrades zum Einsatz kommen.

MS-10. Auswahl und Konstruktion von Greifern und Handhabungsbetriebsmitteln für flexibel automatisierte Montagestationen. (SCHUSTER 1992, S. 62)(REITZLE 1984)

Für die flexibel automatisierte Montage durch Handhabungsbetriebsmittel müssen Greifer ausgewählt oder neu konstruiert werden. Der Greifer ist in unmittelbarem Kontakt zu den zu bewegenden Einzelteilen und deswegen weitgehend abhängig von deren Geometrie. Es muß aber berücksichtigt werden, daß ein Greifer bei der Fügebewegung nicht mit anderen Bauteilen kollidiert, so daß dem Planer zur Auswahl eines Greifers die Geometrien der zu fügenden Baugruppe zur Verfügung stehen müssen.

Handhabungsbetriebsmittel (wie zum Beispiel Roboter oder Einlegegeräte) haben normalerweise keinen direkten Kontakt zum Produkt, sondern werden über standardisierte Schnittstellen mit Greifern ausgerüstet. Die Trennung in die Module Greifer und Handhabungs-Betriebsmittel verleiht dem flexibel automatisierten Montagesystem neben der hohen Bewegungsflexibilität auch Flexibilität gegenüber der Produktgeometrie.

MS-11. Auswahl von Betriebsmitteln für manuelle Arbeitsplätze (LOTTER 1982, S. 15 - 26)(LUCZAK 1986, S. 620 - 682)(BULLINGER & LUNG 1994, S. 81 FF)

Manuelle Arbeitsplätze werden in der Regel bei niedrigen Stückzahlen und hoher Komplexität des Produktes eingesetzt. An Betriebsmitteln werden dem Monteur zum Beispiel Arbeitstisch, Ablagefächer für die Bauteile und Montagehilfsmittel, wie elektrische Schrauber, zur Verfügung gestellt.

MS-12. Auswahl und Konstruktion von Einstationen-Montageautomaten (LOTTER 1982, S. 228)

Unter Einstationen-Montageautomaten sind Betriebsmittel zu verstehen, die eine einzelne Fügeoperation, wie zum Beispiel das Beschrauben eines Basisteiles mit einer Schraube, vollautomatisch durchführen können.

MS-13. Auswahl und Konstruktion von Meßeinrichtungen (VDI/VDE/DGQ 2619 1985)(PFEIFER 1993)(MASING 1994)

Das objektive Erfassen von Prüfdaten erfordert Meßeinrichtungen, die zum einen die erfolgreiche Durchführung der Fügeprozesse überprüfen und dokumentieren und zum anderen kontrollieren, ob die Bauteile nicht durch zum Beispiel Vereinzelungs- oder Transportprozesse beschädigt wurden.

MS-14. Organisation Materialfluß (BULLINGER U. A. 1986, S. 174FF)(BULLINGER & LUNG 1994, S. 15)

Ziel der Materialbereitstellung ist die optimale Gestaltung des Materialflusses der Montageteile. Sie umfaßt Aspekte wie Organisation des Materialflusses und Disposition von Material und Betriebsmitteln.

MS-15. Auswahl und Konstruktion von Puffern (BULLINGER U. A. 1986, S. 153FF)

Puffer, zum Teil auch als Speicher bezeichnet, werden vor, zwischen oder nach Arbeitsstationen angeordnet, um benachbarte Stationen voneinander zu entkoppeln.

MS-16. Auswahl und Konstruktion von Verkettungsmitteln (BULLINGER & LUNG 1994, S. 39)(LOTTER 1982, S.27 - 60)

Verkettungsmittel sind die Bindeglieder zwischen den einzelnen Montageplätzen. Sie sollen in erster Linie einen übersichtlichen Materialfluß mit kurzen Durchlaufzeiten und geringen Zwischenlagerbeständen ermöglichen. Das Fördern der zu montierenden Bauteile kann geordnet oder ungeordnet, in Einzelstücken oder in Losen, mit oder ohne spezifischen Werkstückträger erfolgen.

MS-17. Auswahl und Konstruktion von Mehrstationen-Montageautomaten (LOTTER 1982, S. 233)

Mehrstationen-Montageautomaten sind Betriebsmittel, auf denen eine Vielzahl von Fügeoperationen vollautomatisch durchgeführt wird. Diese Automaten benötigen als Grundaufbau ein Verkettungsmittel, wie zum Beispiel Rundschalttische oder Längstransfereinheiten.

MS-18. Festlegen der Arbeitsinhalte (BULLINGER U. A. 1986, S. 135FF)(GROB & HAFFNER 1982, S. 64,65)

Aufbauend auf die Kapazitätsteilung werden die einzelnen manuellen Montageaufgaben aus dem Ablaufplan sowie Ausführungsbedingungen arbeitsplatzspezifisch zu Arbeitsinhalten verknüpft. Typische dabei anzuwendende Methoden sind die Arbeitserweiterung (Job-Enlargement), die Arbeitsbereicherung (Job-Enrichment) und die Einführung teilautonomer Arbeitsgruppen.

MS-19. Entwicklung der Steuerungsprogramme (MÖHRLE 1989, S. 28)(LOTTER 1982, S. 223)

Ausgehend von der Beschreibung des Montageprozeßablaufes werden Prozeßrechner oder speicherprogrammierbare Steuerungen so programmiert, daß sie die maschinennahe Steuerung der Montageanlage übernehmen können. Diese Planungsaufgabe schließt nicht die Erstellung von Bewegungsprogrammen (z.B. RC-Programme) ein, sondern bezieht sich nur auf die Koordination der Betriebsmittel.

MS-20. Layoutplanung (BULLINGER U. A. 1986, S. 186FF)(GROB & HAFFNER 1982, S. 1982FF)(WOENKHAUS 1994)

In der Layoutplanung wird die Prinzipanordnung detailliert und an die räumlichen Gegebenheiten angepaßt. Außerdem sind Infrastruktur und Gebäudetechnik zu berücksichtigen. Die Layoutplanung wird normalerweise mit einer relativ vagen 2D-Betrachtung des Gesamtsystems beginnen und in der Praxis nicht über die 3D-Betrachtung von Einzelstationen hinausgehen. Möglich, wenn auch in vielen Fällen nicht rentabel, ist die detaillierte 3D-Modellierung einer kompletten Montageanlage.

MS-21. Arbeitsplatzgestaltung, Arbeitsstationsgestaltung (BULLINGER U. A. 1986, S. 250FF,268FF)(GROB & HAFFNER 1982, S. 67FF)

Die in den vorangegangenen Planungsaufgaben ausgewählten Betriebsmittel werden entsprechend der Kapazitätsteilung zu manuellen beziehungsweise automatischen Arbeitsstationen zusammengestellt. Im Falle der manuellen Montage kann nach Festlegung der nötigen Betriebsmittel, aufbauend auf den Ablaufplan aus MS-5 und ergänzt um die Arbeitsinhalte aus MS-18, der Arbeitsplan erstellt werden. Die Arbeitsplanerstellung wird nicht als eigener Planungsschritt geführt, da sich der Arbeitsplan aus den Ergebnissen anderer Planungsschritte ergibt.

MS-22. Bahnplanung (SCHUSTER 1992, S. 87FF)(PARK 1992, S. 97FF)

Für die raum- und flächenbeweglichen Betriebsmittel werden die Bewegungsbahnen festgelegt. Dies kann bei flexiblen Betriebsmitteln, wie Robotern, zum Beispiel durch Off-Line-Programmierung von RC-Programmen noch während der Planungsphase, oder durch Teachen in der Realisierungsphase geschehen. Die Off-Line-Programmierung erfordert allerdings ein rechnerinternes 3D-Modell der Anlage. Bei starren Betriebsmitteln, wie Einzweckautomaten, wird in der Regel mit linearen, durch Anschlag begrenzten Bahnen oder Bewegungskulissen gearbeitet. Für den manuellen Arbeitsplatz kann eine Bewegungsplanung zur Optimierung des Arbeitsplatzes und zur exakten Vorgabezeitermittlung durchgeführt werden.

MS-23. Kopplung der Steuerung mit dem 3D-Anlagenmodell (RAITH 1995)

Dieser Planungsschritt kann am Rechnermodell durchgeführt werden, wenn ein 3D-Gesamtlayout einschließlich der Betriebsmittelbewegungsprogramme vorliegt. Er bietet die Basis für die 3D-Simulation (siehe MA-3) der kompletten Anlage zur

Überprüfung der Funktion der Anlagensteuerung. In der Praxis wird dieser Schritt meist nicht Off-Line durchgespielt, da der Aufwand für die komplette rechnerinterne Beschreibung der Montageanlage relativ hoch ist. Dafür müssen dann allerdings größere Stillstandszeiten und Anfahrprobleme in Kauf genommen werden.

2.1.3.4 Synthese der Montageanlageninformation

MA-1. Ablaufsimulation (BINGER & RICHTER 1991) (BULLINGER U. A. 1986, S. 199FF) (AMANN&HARTBERGER 1990)(ABELS 1993)

Die Ablaufsimulation wird für Betrachtungen des Zeitverhaltens eingesetzt. Zum Beispiel kann sie zur Bewertung der durch den Vorranggraphen offengelassenen Reihenfolgealternativen eingesetzt werden. Ferner wird sie zur Ermittlung von Betriebspunkt, Taktzeiten, Durchlaufzeit, Verfügbarkeit und der Pufferdimensionierung eingesetzt. Diese Kenngrößen müssen schon während der Planung ermittelt werden, um eine Orientierung für die Optimierung des Montagesystems zu ermöglichen, und um sicherzustellen, daß das Montagesystem die nötige Ausbringung erzielen kann. Diese Analyse wird fast ausschließlich rechnergestützt durchgeführt.

MA-2. Vorgabezeitermittlung (BULLINGER U. A. 1986, S. 107FF)(REFA 1971, S. 65)

Die Ermittlung von Vorgabezeiten ist eine Voraussetzung zur Ermittlung des Kapazitätsbedarfs und -abgleichs. Um montagespezifische Vorgabezeiten bereits im frühen Planungsstadium zu bestimmen, stehen eine Anzahl unterschiedlicher Methoden zur Verfügung. Die wesentlichen sind *Schätzen durch Vergleichen*, *Planzeitwertermittlung* und die *Systeme vorbestimmter Zeiten* (zum Beispiel: die *Work-Factor* oder die *Methods-Time Measurement* Methode (REFA 1971, S. 76FF)). In einem sehr späten Planungsstadium kann, den Einsatz eines 3D-Simulationssystems vorausgesetzt, die Vorgabezeit aus dem 3D-Modell des Bewegungsablaufes abgeleitet werden.

MA-3. 3D-Simulation (SCHUSTER 1992, S. 79)(WRBA 1990)

Die 3D-Simulation wird vorwiegend für Analysen der räumlichen Aspekte genutzt. In einem sehr frühen Stadium der Planung kann die 3D-Simulation zur Analyse des Produkts (zählt zu PA-2) zum Beispiel auf seine montagegerechte Gestaltung hin untersucht werden. Die Untersuchung des Montageanlagenmodells im besonderen beginnt, wenn bei der Simulation von Montagevorgängen auch Betriebsmittel mit in die Untersuchung einbezogen werden. In einem späteren Planungsstadium können durch die Simulation von Bewegungsabläufen im 3D-Raum, wie bereits erwähnt, Vorgabezeiten bestimmt und auch Kollisionsbetrachtungen angestellt werden. Die Untersuchungsschwerpunkte sind die Gestaltung des Basisteils, die Fügerichtungen, die Kollisionsfreiheit aller Bewegungen, die Zuführbarkeit von Bauteilen, und die Zugänglichkeit für Werkzeuge.

MA-4. Investitionsabschätzung

Die Investitionsabschätzung eignet sich zur laufenden Überprüfung des sich bei der Auswahl der Betriebsmittel aufsummierenden Investitionsbetrags. Sie dient lediglich zur Kontrolle darüber, ob das Investitionsbudget eingehalten wird.

MA-5. Kostenstellenrechnung (MILBERG U. A. 1994, S. 58/59)(SCHMIDT 1992, S. 107FF) (WARNECKE U. A. 1978, S. 44FF)

Die Kostenstellenrechnung gliedert die Kosten nach dem Ort ihrer Entstehung. Wird diese Kalkulation so detailliert durchgeführt, daß die einzelnen Stationen einer Montageanlage hinsichtlich der jeweils verursachten Kosten unterschieden werden können, bietet sich ein Ansatz für die gezielte Kostenoptimierung.

MA-6. Investitionsrechnung (BULLINGER U. A. 1986,S. 71FF, 192FF, 371FF) (GROB & HAFFNER 1982, S. 112FF, 176FF)(GOETZE & BLOECH 1993)

Die Investitionsrechnung wird zur Entscheidung über Anlagenalternativen („relative Vorteilhaftigkeit" nach GOETZE & BLOECH 1993, S. 51), zur Beurteilung der Rentabilität einer Investition („absolute Vorteilhaftigkeit" nach GOETZE & BLOECH 1993, S. 51) und zur Einschätzung des Investitionsrisikos eingesetzt. Typische Kalkulationsergebnisse der statischen Investitionsrechnung sind Kosten, Gewinn, Rentabilität und Amortisationszeit. Die dynamische Investitionsrechnung liefert zum Beispiel den *Kapitalwert*, den *Baldwin Zins* (BLOHM & LÜDER 1991, S.114) und die *dynamische Amortisationszeit* der Montageanlage. Es empfiehlt sich eine laufende Überwachung der Werte hinsichtlich Rentabilität und Investitionsrisiko, damit ein Ausbrechen der Planung aus dem Zielkorridor frühzeitig erkannt werden kann.

MA-7. Automatisierbarkeitsuntersuchung (GROB & HAFFNER 1982, S. 62FF)(MERZ 1987, S. 111)

Hier wird untersucht, bei welche Arbeitsvorgängen eine Automatisierung technisch möglich und wirtschaftlich sinnvoll ist. Zu einer ersten Eingrenzung des Lösungsraums können Automatisierbarkeitsdiagramme aus der Montageplanungsfachliteratur (LOTTER 1982, WALTHER 1985) genutzt werden. Mit ihrer Hilfe kann man allein durch Kenntnis der Stückzahlen, der Komplexität und der Variantenanzahl des Produktes eine erste Aussage über die Wahl des Automatisierungskonzeptes treffen.

MA-8. Bestimmung des Arbeitssystemwerts (BULLINGER U. A. 1986) S. 193FF)(GROB & HAFFNER 1982, S. 113FF)

Der Arbeitssystemwert dient zur Beurteilung von Montagesystemalternativen. Bei der Ermittlung des Arbeitssystemwertes werden auch nicht exakt quantifizierbare Kriterien, wie zum Beispiel die Flexibilität gegenüber Produktänderungen, miteinbezogen.

MA-9. Einholen von Angeboten für die Betriebsmittel

In diesem Planungsschritt wird die Angebotssituation auf dem Markt für die in Frage kommenden Betriebsmittel untersucht. Ergebnis dieser Planungsaufgabe ist eine Rangliste der Angebote. Die Rangfolge orientiert sich dabei im wesentlichen nach Preis und Liefertreue. Zur Erfassung nicht exakt quantifizierbarer Kriterien sollte eine Nutzwertanalyse durchgeführt werden.

In Bild 2-6 sind alle im vorangegangenen genannten Montageplanungsaufgaben gesammelt dargestellt. Vielzahl und Vielfalt der unterschiedlichen Planungsaufgaben lassen erkennen, daß zur Bewältigung einer komplexen Montageplanung ein methodischer Leitfaden unbedingt notwendig ist.

Synthese der Produktinformation	Analyse der Produktinformation
PS-1. Strukturieren des Produktes	PA-1. Montagekostenabschätzung
PS-2. Detaillieren des Produktes	PA-2. Analyse der Montagegerechtheit
	PA-3. Abgleich mit Betriebsmittelgeometrien
	PA-4. Fügekraftanalysen
	PA-5. Entfeinerung und Abgleich
	PA-6. 3D-Simulation

Synthese der Montageanlageninformation	Analyse der Montageanlageninformation
MS-1. Erfassen der Ausgangssituation	MA-1. Ablaufsimulation
MS-2. Ermitteln der Planungsziele	MA-2. Vorgabezeitermittlung
MS-3. Entwerfen von Prinziplösungen	MA-3. 3D-Simulation
MS-4. Planen von Fügefolgen	MA-4. Investitionsabschätzung
MS-5. Entwurf des Ablaufplans	MA-5. Kostenstellenrechnung
MS-6. Umsetzungskonzept für Teilbereiche	MA-6. Investitionsrechnung
MS-7. Kapazitätsteilung	MA-7. Automatisierbarkeitsuntersuchung
MS-8. Entwerfen der Prinzipanordnung	MA-8. Bestimmung des Arbeitssystemwerts
MS-9. Auswahl und Konstruktion (A. u. K.) von Zubringeeinrichtungen	MA-9. Einholen von Angeboten für die Betriebsmittel
MS-10. A. u. K. von Handhabungsbetriebsmitteln	
MS-11. A. u. K. d. Werkzeuge manu. Arbeitsplätze	
MS-12. A. u. K. v. Einstationen-Montageautomaten	
MS-13. A. u. K. von Meßeinrichtungen	
MS-14. Organisation Materialfluß	
MS-15. A. u. K. von Puffern	
MS-16. A. u. K. von Verkettungsmitteln	
MS-17. A. u. K. v. Mehrstationen-Montageautomaten	
MS-18. Festlegen der Arbeitsinhalte	
MS-19. Entwicklung der Steuerungsprogramme	
MS-20. Layoutplanung	
MS-21. Arbeitsplatz- bzw. Arbeitsstationsgestaltung	
MS-22. Bahnplanung	
MS-23. Kopplung Steuerung zu 3D-Anlagenmodell	

Bild 2-6: Aufstellung der Montageplanungsaufgaben in vier Kategorien

2.2 Rechnerunterstützung

2.2.1 Begriffe

Für die vertiefte Auseinandersetzung mit Themen der Datenverwaltung ist die Abgrenzung der Begriffe *Datenbanksystem, Dateisystem, Datenschema, Datenstrukturdiagramm, Klassendiagramm, Datenmodell* und *Instanzendiagramm* erforderlich.

Ein *Datenbanksystem* setzt sich aus den Programmen für die Datenzugriffe, dem Datenschema und den abgespeicherten Daten zusammen (ELMASRI&NAVATHE 1989). Bei einem Datenbanksystem kann auf sehr kleine Informationseinheiten, wie zum Beispiel die einzelnen Attributwerte eines Roboters zugegriffen werden.

Bei einem *Dateisystem* können ähnlich wie bei einem Datenbanksystem, Daten verwaltet werden. Die wesentlichen Unterschiede liegen bei a) der Strukturierung und b) der Granularität der Daten.

a) Während man in einem modernen Datenbanksystem Daten beliebig komplex vernetzen kann, stehen in einem herkömmlichen Dateisystem im wesentlichen nur einfache Baumstrukturen zur Verfügung.

b) Dadurch, daß ein Dateisystem nicht in die Dateien, die es verwaltet, "hineinsieht", kann es nicht auf so detaillierte Information, wie zum Beispiel die Merkmalswerte eines Roboters zugreifen, sondern nur auf eine Datei als Ganzes.

Das *Datenschema* gibt den logischen Rahmen vor, in dem bei der Nutzung eines Datenbanksystems ein *Datenmodell* abgelegt werden kann. Es schreibt vor, welche *Klassen, Attribute* und *Assoziationen* für den Aufbau eines Datenmodells zur Verfügung stehen.

Ein *Datenstrukturdiagramm* ist die Darstellung eines Datenschemas nach einer bestimmten Notation. Dasselbe Datenschema kann durch Datenstrukturdiagramme unterschiedlicher Notation beschrieben werden. Typische Beispiel für Datenstrukturdiagramm-Notationen sind das "Entity-Relationship-Model" von CHEN (1976) und das "*Klassendiagramm*" von RUMBAUGH (1991, S. 29).

Datenmodelle sind rechnerinterne Abbilder von realen Objekten, wie zum Beispiel von Produkten oder Produktionsmitteln. Datenmodelle sind also *rechnerinterne Modelle* der Realität. Ein Datenmodell setzt sich aus Daten*instanzen* zusammen. Instanzen sind durch *Verknüpfungen* semantisch verbunden. Das Datenmodell eines Roboters kann sich zum Beispiel aus den Instanzen der Roboterarme, des Greifers, des Fußes und der Antriebseinheit zusammensetzen. Die Instanz des Greifers ist dabei zum Beispiel mit der Instanz des Roboterarms verknüpft, um darzustellen, daß der reale Greifer und der reale Roboterarm physikalisch miteinander in Kontakt sind.

Instanzendiagramme (RUMBAUGH 1991, S. 29) sind graphische Darstellungen von Datenmodellen nach einer bestimmten Notation. Instanzendiagramme verhalten sich zu Datenmodellen, wie Datenstrukturdiagramme zu Datenschemata.

Entscheidend ist, daß die Generierung eines Datenmodells die Implementierung des Datenschemas voraussetzt. Mit dem Datenschema erhält man erst die Möglichkeit, ein Datenmodell aufzubauen. Während das Datenschema in der Regel unveränderlich ist, benötigt man für jede abzubildende Realität, also für jede Montageanlage, jede Fertigungsanlage usw. ein eigenes Datenmodell. Das Kernproblem bei der Gestaltung eines Datenschemas liegt demnach darin, daß es die Datenmodellvielfalt nicht einschränken sollte.

In Kapitel 5 wird ein Datenschema definiert werden, das als möglichst allgemeingültige Grundlage für Datenmodelle von Montageanlagen dienen soll.

2.2.2 Planungsaufgaben und ihre Daten

Die Planungsaufgaben aus Kapitel 2.1.3 beziehen sich zum Teil auf sehr unterschiedliche Inhalte, wobei sich die in den einzelnen Aufgaben bearbeiteten Datenmengen stark überschneiden.

Die zur Unterstützung des Montageplaners entwickelten Rechnerwerkzeuge sind in der Regel nur auf einzelne Planungsschritte zugeschnitten. Die jeweils generierten Daten werden dabei oft nach einem eigenen Datenschema strukturiert, so daß sie nicht von anderen Rechnerwerkzeugen genutzt werden können (vgl. Bild 2-7). Dies führt dazu, daß die gleichen Daten in unterschiedlichen Datenschemata und damit redundant gehalten werden müssen. Als Konsequenz ergeben sich die folgenden Probleme (FELDMANN 1994A):

- Es ist mehrfaches Eingeben der gleichen Daten nötig.
- Die gleichen Daten müssen mehrfach verwaltet und gewartet werden.
- Es können sich durch Eingabefehler Widersprüche zwischen den einzelnen Datenbeständen ergeben.

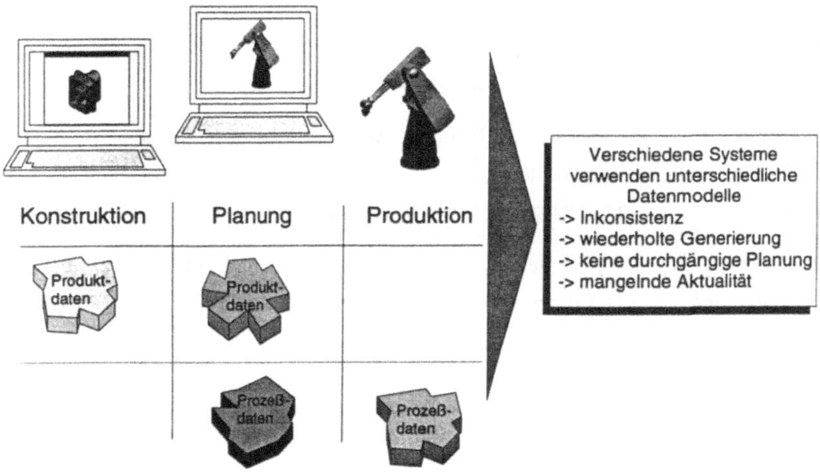

Bild 2-7: Unterschiedliche Rechnerwerkzeuge halten dieselben Daten in unterschiedlichen Formaten (FELDMANN & CUIPER 1995).

Diese Aspekte führen zu der Forderung nach einem einheitlichen Datenschema, das von allen Rechnerwerkzeugen gleichermaßen bearbeitet werden kann.

2.3 Resultierende Anforderungen

Die in Kapitel 1.2 hergeleiteten Ziele: „**Methode** und **Rechnerunterstützung** für die Montageplanung" können nun nach Betrachtung der Grundlagen entsprechend detailliert werden.

Methode:

- Wenn ein paralleles Vorgehen zusammen mit der Konstruktion, wie in den Anwendungsfällen A und C (Siehe Kapitel 2.1.2), möglich ist, dann soll das Verbesserungspotential durch eine geeignete Methode voll ausgeschöpft werden können.
- Der Planer benötigt einen Leitfaden bei der Abarbeitung seiner vielfältigen Aufgaben (Kapitel 2.1.3).

Rechnerunterstützung:

- Die einzelnen Programme für Teilaufgaben der Montageplanung müssen das gleiche Datenschema nutzen (Kapitel 2.2.2).
- Entsprechend der zahlreichen Planungsaufgaben gibt es eine unübersichtliche Vielfalt von Rechnerwerkzeugen, die es wünschenswert erscheinen läßt, den Planer von der Organisation der Werkzeuge zu entbinden (Kapitel 2.2.2).

Im folgenden Kapitel wird nun untersucht, ob diese Anforderungen durch die aus der Literatur bekannten Lösungsansätze erfüllt werden können.

3 Lösungsansätze in der Literatur

In Kapitel 2 wurde die allgemeine Aufgabenstellung der Montageplanung behandelt und die sich daraus ergebenden Anforderungen abgeleitet. Hier, in Kapitel 3, werden die aus der Literatur bekannten Ansätze zur Erfüllung der im vorangegangenen Kapitel aufgestellten Anforderungen kurz vorgestellt und untersucht.

Dabei stehen die folgenden Themen im Mittelpunkt der Betrachtung:

- Planungsmethoden (Kapitel 3.1),
- Datenschemata zur Haltung der bei der Planung anfallenden Daten (Kapitel 3.2),
- Rechnerwerkzeuge zur Planung (Kapitel 3.3).

In der Zusammenfassung (Abschnitt 3.4) dieses Kapitels wird abschließend festgehalten, welche Forderungen der Stand der Technik nicht abdeckt, und auf welche Forschungsergebnisse im folgenden aufgebaut werden wird.

3.1 Planungsmethoden

3.1.1 6-Stufen-Methode nach REFA

Die REFA-6-Stufen-Methode (REFA 1987) beschreibt in groben Zügen, welche Montageplanungsaufgabe wann gelöst werden soll (Bild 3-1). Dabei ist der Gesamtablauf in feste Untergliederungen, die sechs Stufen, aufgeteilt. Dieses Konzept bietet dem Planer allerdings nur eine grobe Orientierung in der Vielfalt der Planungsinhalte. Die Abstimmung auf den Konstruktionsprozeß bleibt ausgeklammert.

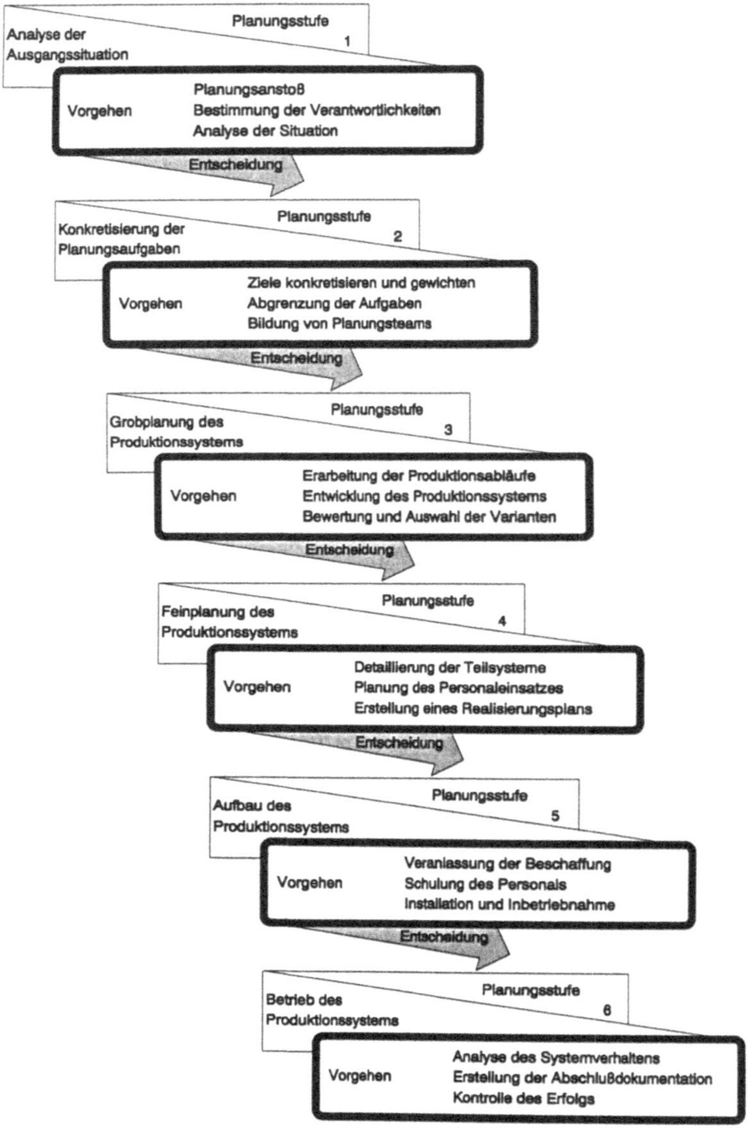

Bild 3-1: 6-Stufen-Methode der Systemgestaltung nach REFA

3.1.2 VDI-Richtlinie 2221 und 2222

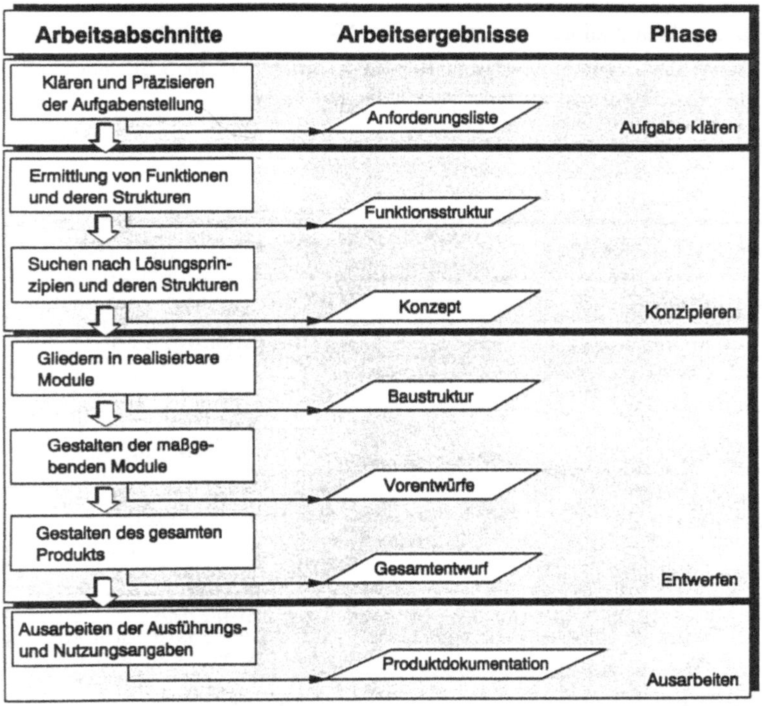

Bild 3-2: Vorgehensweise nach der *VDI-RICHTLINIE 2221 (1993)* (vereinfacht)

Den Versuch einige Vorgehensweisen zu vereinheitlichen, stellen die VDI-RICHTLINIEN 2221 (1993) (Siehe Bild 3-2) und 2222 (1982) dar. Sie befassen sich zwar mit der systematischen Konstruktion, lassen sich aber in ihren Grundprinzipien auf die Montageplanung übertragen. Auch bei dieser Methode wird dem Anwender eine feste Untergliederung mit den einzelnen Arbeitsphasen vorgegeben. Wie einzelne Tätigkeiten ausgeführt werden sollten, wird für diese Vorgehensweise nicht näher beschrieben. Die Arbeitsabläufe sind als organisatorische Ordnungsschemata zu sehen, an denen sich der Planer orientieren kann (EHRLENSPIEL 1988). Das Zusammenspiel zwischen Konstrukteur und Planer wird nicht weiter ausgeführt.

3.1.3 Methode nach Bullinger

Eine ausführliche Richtlinie zur systematischen Montageplanung, die die Projektorganisation einschließt, wurde von BULLINGER U.A. (1986) (Bild 3-3) entwickelt. Er beschreibt ein strukturiertes Vorgehen von Teilpunkt zu Teilpunkt entsprechend einer im jeweiligen Aufgabenbereich optimalen Reihenfolge.

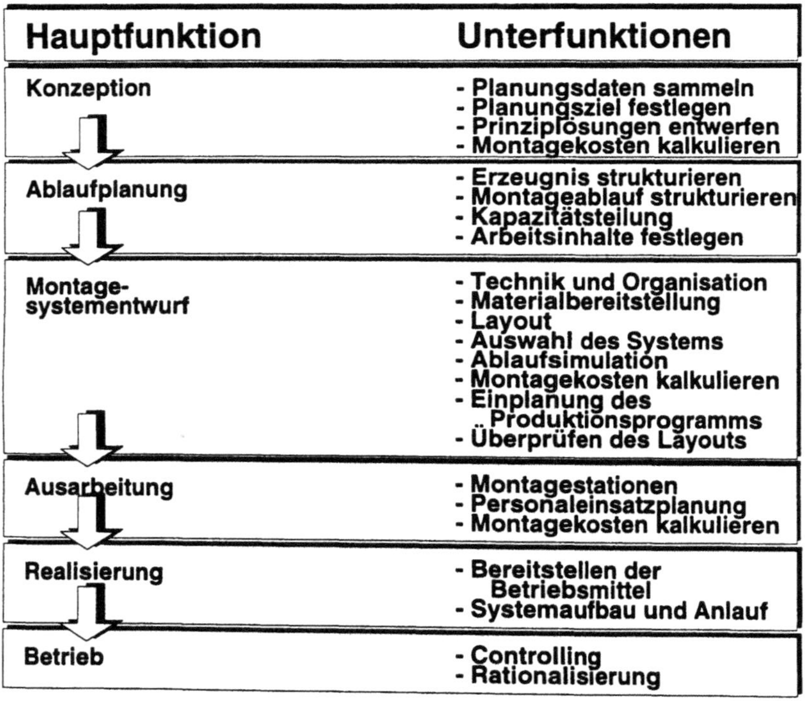

Bild 3-3: Planungsmethode nach *BULLINGER U.A. (1986)* (vereinfacht)

Feste Bestandteile der Methode sind regelmäßige Wirtschaftlichkeitsbetrachtungen und Bewertungen der ermittelten Ergebnisse. Rücksprünge in vorangehende Phasen wurden vorgesehen. Weiterhin wird von BULLINGER ein zeitparalleler Ablauf von Konstruktion und Montageplanung gefordert, ohne daß er jedoch auf das Zusammenspiel dieser Bereiche näher eingeht.

3.1.4 Methode nach Lotter

LOTTER (1986) hat eine praxisbezogene Planungsmethode (Bild 3-4) für das Gebiet der Feinwerktechnik ausgearbeitet. Er betont, daß es sich um keine allgemeingültige Planungsmethode handelt, da unterschiedliche Produkte auch unterschiedliche Vorgehensweisen erfordern.

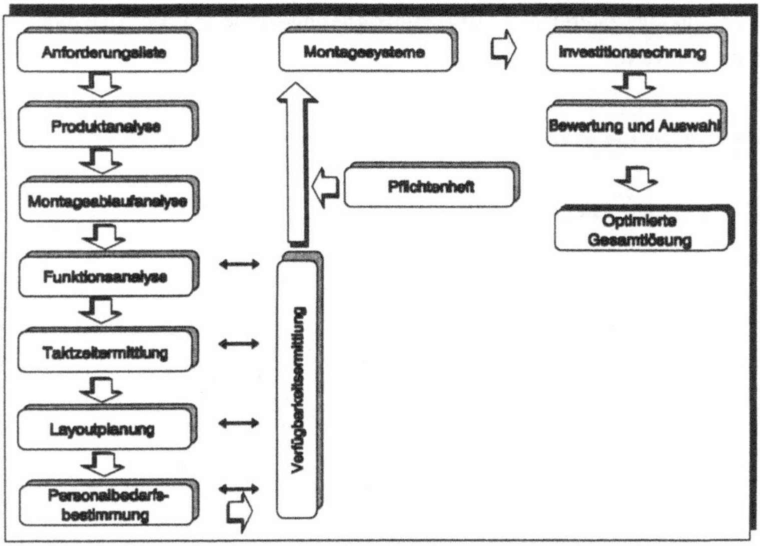

Bild 3-4: Planungsmethode nach LOTTER (vereinfacht)

Ausgehend von der Anforderungsliste wird das Produkt hinsichtlich seiner Montagegerechtheit analysiert. Die Montageablaufanalyse ermittelt die entsprechend der Produktgeometrien geltenden Vorrangbeziehungen und leitet daraus die Fügerangfolgen ab. Liegt der Montageablauf fest, wird im Rahmen einer Funktionsanalyse das funktionale Umsetzungskonzept ermittelt.

Die folgenden Planungsphasen dienen der Zeitermittlung, der Layoutplanung und der Bestimmung des Personalbedarfs. Eine sich anschließende Investitions- und Platzkostenrechnung zeigt die Wirtschaftlichkeit der ausgearbeiteten Varianten auf und gibt

Aufschluß über die optimale Lösung. Auch LOTTER erwähnt die Notwendigkeit der Verzahnung von Konstruktion und Planung, geht aber nicht genauer darauf ein.

3.1.5 Methode nach Grob und Haffner

Anfang der achtziger Jahre wurde bei Siemens von GROB UND HAFFNER (1984) eine Planungssystematik zur Gestaltung von Arbeitssystemen entwickelt. Diese basiert auf Erfahrungen, die in zahlreichen Arbeitsstrukturierungsprojekten im Unternehmen selbst gesammelt wurden.

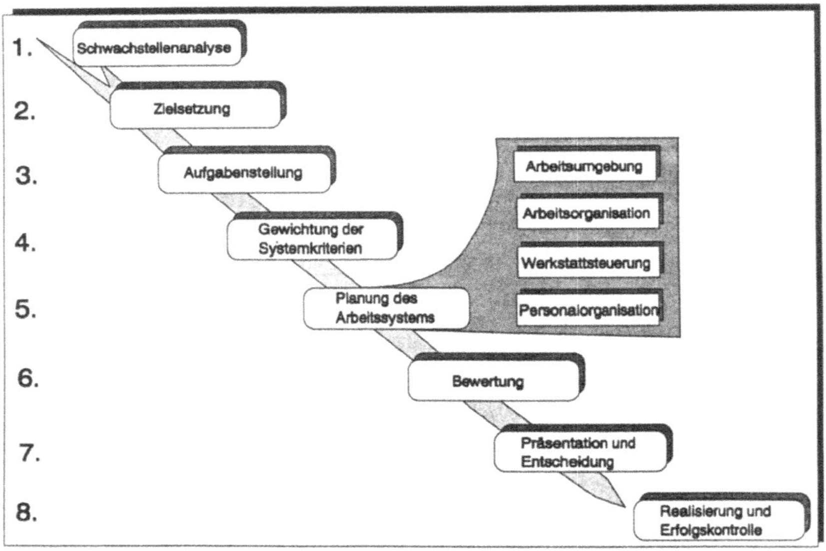

Bild 3-5: Planungsmethode nach GROB UND HAFFNER

Aufbauend auf die in zahlreichen Planungsprozessen gewonnene Erfahrung in der Projektarbeit wurde eine Unterteilung des Planungsprozesses in bestimmte Einzelschritte vorgenommen (Bild 3-5). Das Ergebnis ist ein detaillierter Planungsablauf, der ein strukturiertes Vorgehen von Teilpunkt zu Teilpunkt vorschreibt. Dabei wird zunächst die Ist-Situation hinsichtlich Schwachstellen analysiert. Im nächsten Schritt werden die mit dem zu planenden Arbeitssystem verfolgten Ziele festgelegt, die Aufgabenstellung formuliert und relevante monetär schwer quantifizierbare Systemkriterien (z.B.: Flexibilität bezüglich Typenvielfalt) bestimmt. Im Anschluß werden Lösungsalternativen ermittelt und einer Bewertung unterzogen. Nach der Entscheidung für eine Variante wird diese realisiert und einer Erfolgskontrolle unterzogen. Die Integration der Vorgehensweisen von Planer und Konstrukteur wird nicht beschrieben.

3.1.6 Methode nach Deutschländer

DEUTSCHLÄNDER (1988) stellt eine umfassende und in sieben Hauptfunktionen (Bild 3-6) strukturierte Sammlung von Planungsaufgaben Durch Abstimmung auf den spezifischen Anwendungsfall kann eine aufgabenbezogene Planungssystematik abgeleitet werden. Die Art und Weise, wie bei der Herleitung der Planungssystematik vorgegangen werden soll, wird allerdings nicht näher ausgeführt.

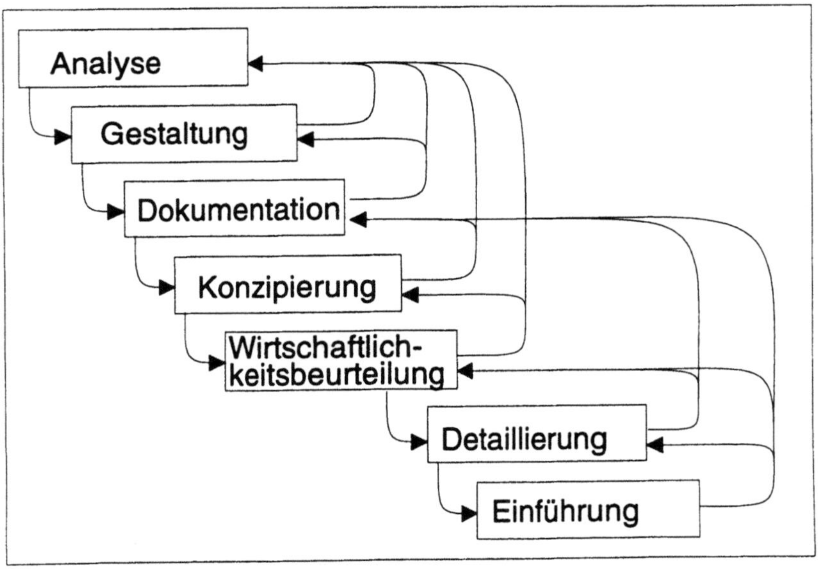

Bild 3-6: Planungssystematik für Montageplanungen nach DEUTSCHLÄNDER

Die Vernetzung der einzelnen Planungsaufgaben untereinander und mit Aufgaben benachbarter Bereiche wird durch Nennung der jeweiligen Informationsflüsse aufgezeigt. Von der Konstruktion an die Montageplanung werden zum einen die Hauptziele hinsichtlich des Produktes und zum anderen Konstruktionszeichnungen, Stücklisten und Arbeitspläne weitergegeben. Diese beiden Informationsflüsse siedelt Deutschländer nur in der ersten Phase der Planung, der *Analysephase* (siehe Bild 3-6) an.

3.1.7 Methode nach Schuster

SCHUSTER (1992) stellt eine „Richtlinie zur integrierten Entwicklung von Produkt und Montage“ vor, die ein Wechselspiel (Siehe Bild 3-7) zwischen Aufgaben der Konstruktion und der Montageplanung grob skizziert. Nach der Konzeptphase der Konstruktion wird dabei ein erster Montageprozeßentwurf erstellt. Auf *Konstruktionsentwurf* und *Detaillierung* folgen dann verschiedene Detaillierungsstufen einer *Montageprozeß-* und *Montagesystemplanung*.

Die Montageprozeßplanung analysiert nur auf Basis der Produktinformation die Einzelvorgänge und legt die möglichen Montagevorgangsfolgen fest. Auf diese Weise können viele Mängel in der montagegerechten Gestaltung erkannt und an die Produktkonstruktion zurückgegeben werden. Bei der Montagesystemplanung werden die Systemstrukturen entworfen, die produktunspezifischen Betriebsmittel ausgewählt und das Layout ermittelt.

Schuster zeigt als einer der ersten einen Ansatz zur Integration von Konstruktion und Planung auf. Die Abstimmung der Vorgehensweisen wird allerdings nicht im einzelnen erläutert, da der Schwerpunkt der Arbeit auf der Entwicklung eines rechnergestützten Planungssystems liegt.

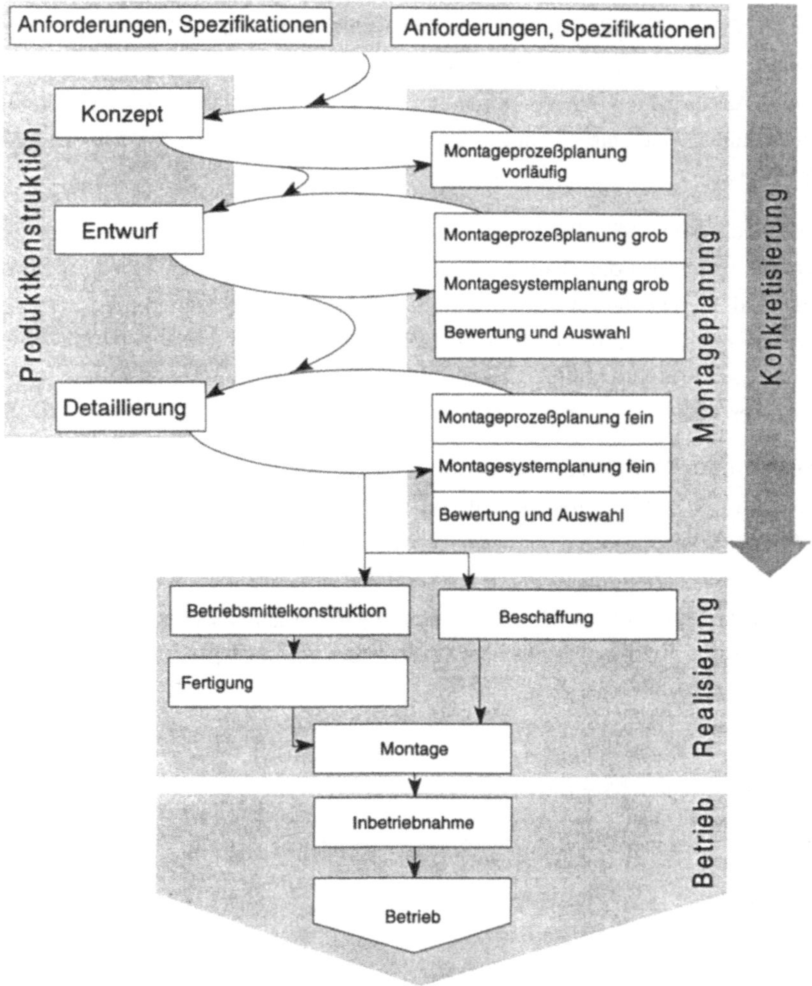

Bild 3-7: Planungsmethode nach SCHUSTER *(1992)*

3.1.8 Weitere Methoden

GÖTZ (1991) konzipiert eine Planungsmethodik für automatische Montagezellen. Er beschränkt sich allerdings auf die automatische Montage flächiger Bauteile. Der Planungsablauf gliedert sich in die drei Hauptschritte (a) *Analyse von Bauteileigenschaf-*

ten und Fügeverfahren, (b) *Gestaltung der Greiftechnik* und (c) *Ergänzende Komponenten und Prozesse.* Diese Schritte werden in zwei Iterationsschleifen abgearbeitet. Dieser Ansatz ist auf die spezifische Fragestellung der Montage flächiger Bauteile zugeschnitten und nicht ohne weiteres auf andersgelagerte Problemstellungen übertragbar.

Bei WEICHAND (1985), der die Integration des Planungs- und Konstruktionsprozesses verfolgt, finden sich die Phasen: *Aufgabenklärung, Funktionsfindung, Prinziperarbeitung* und *Gestaltung*, in denen die vier Komplexitätsebenen: *Anlagen, Maschinen/Apparate/Geräte, Baugruppen, Einzelteile* durchlaufen werden. Hier wird eine Integration allein durch die Einbindung der CAD-Daten in die Informationswelt des Planers erzielt.

Die AUTOREN WALTHER (1985), SCHÖNINGER, SPINGLER (1989) und FRANKENHAUSER (1991) stellen eine Methode zur Planung flexibler Montagesysteme vor. Sie sieht die Planungsphasen *Analyse der Montageaufgabe, Auswahl des Systemprinzips, Auswahl der Wirkorgane, Konzeption von Teilsystemen, Integration zu Gesamtlösungen*, und *Lösungsauswahl* vor, die an konkreten Stellen von *Wirtschaftlichkeitsanalysen* begleitet werden. Für die Einbeziehung des Konstrukteurs wird die Arbeit in einem Projektteam vorgesehen.

3.1.9 Defizite der Methoden

Die in der Literatur aufgeführten Planungsmethoden weisen die folgenden Defizite auf:

- Die beschriebenen Methoden bieten keine detaillierte Handlungsanweisung für eine auf die Konstruktion abgestimmte Montageplanung. Es gibt zum Beispiel keinen Leitfaden, der besagt, welche Planungstätigkeiten ein Planer mit einer vom Konstrukteur stammenden Eingangsinformation durchführen kann oder sollte.
- Die unterschiedlichen Planungsaufgaben sind meist durch einen weitgehend sequentiellen Ablauf verbunden. Analysierende Aufgaben, die die Planung begleiten könnten, sind deswegen nur konkreten Meilensteinen im Planungsablauf zugeordnet.

- Es gibt keine klare Abgrenzung der Montageplanung und keine Systematisierung der Planungsaufgaben.

3.2 Datenschemata

Die einheitliche Organisation aller Unternehmensdaten gewinnt mit der immer stärker werdenden betrieblichen und überbetrieblichen datentechnischen Kopplung von Konstruktion, Fertigung und Montage zunehmend an Bedeutung. Die integrierte Datenhaltung ist ein wichtiger Bestandteil einer effizienten Informationsverarbeitung und damit ein wesentliches Konzept für die rechnerintegrierte Produktion.

Eine einheitliche Datenorganisation erlaubt *rechnerinterne Modelle*, die von allen Rechnerwerkzeugen bearbeitet werden können. Rechnerinterne Modelle sind notwendig, um Planungsvorgänge rechnerunterstützt durchführen zu können (SCHUSTER 1992)(WEICHAND 1985). Sie bilden die Basis für die Struktur eines Planungshilfsmittels.

Relevante Modelle aus der Literatur, die für die Abbildung der Gestaltungsfelder der rechnerintegrierten Produktion genutzt werden können, finden sich u.a. in den Bereichen der Planung und Einführung von DV-Systemen, der Planung von Materialfluß- und Fertigungssystemen, der Softwareentwicklung und der CIM-Schnittstellennormung (SPUR U. A. 1993).

In diesem Abschnitt werden, um einen Überblick zu geben, Modelle aus den folgenden drei Bereichen vorgestellt:

1. Produktmodellierung, die der datentechnischen Beschreibung von Produkten dient.
2. Prozeßmodellierung, die eine Beschreibung von dynamischen Prozessen zum Ziel hat.
3. Unternehmensmodellierung, die einen integrativen Ansatz zur Darstellung aller Unternehmensdaten darstellt. Sie erfordert die Verschmelzung von Produkt- und Prozeßmodellen.

3.2.1 Produktmodelle nach STEP

Eine automatisierte Verarbeitung von Produktdaten setzt eine einheitliche datentechnische Beschreibung der Produkte voraus, damit die Kommunikation - insbesondere der Datenaustausch - zwischen verschiedenen Datenverarbeitungssystemen möglich wird. Ziel nationaler und internationaler Bemühungen ist es, hierfür Produktdatenmodelle zu entwickeln, zu vereinheitlichen und zu standardisieren (ANDERL 1992).

Da bisherige standardisierte Produktdatenbeschreibungen sich vor allem mit der Gestalt und Geometrie eines Produktes beschäftigten und wenig Möglichkeiten boten, weitere für die Fertigung wichtige Informationen wie Baugruppenstrukturen, Materialeigenschaften und Toleranzen einheitlich zu beschreiben, wurde 1984 mit der Entwicklung der Produktdatenschnittstelle STEP (**ST**andard for the **E**xchange of **P**roduct Model Data) begonnen. Gleichzeitig ist STEP die Bezeichnung der internationalen Norm ISO TC 184/SC 4 (International Standardization Organisation, TC=Technical Committee, SC=Specialist Committee) (ANDERL 1992).

Ziel der Arbeiten zu STEP ist die Entwicklung einer internationalen Norm, die ein Referenzmodell zur Speicherung eines rechnergerechten Produktmodells in implementierungsneutraler Form definiert. Alle im Produktlebenszyklus vorkommenden Informationen werden in sogenannten "Partialmodellen" abgebildet. Die Notwendigkeit von STEP wird mit den Defiziten der bisherigen Schnittstellen, wie zum Beispiel IGES (**I**nitial **G**raphics **E**xchange **S**pecification) *(Mertens 1991)*, begründet. Diese erlaubten nur die Übertragung von Kanten-, Flächen- und Zeichnungsdaten. Durch STEP sollen alle produktrelevanten Daten innerhalb eines Produktlebenszyklus´ übertragbar werden (GRABOWSKI U. A. 1989A).

Das Produktmodellkonzept von STEP basiert auf der Integrität des Gesamtmodells IPIM (Integrated Product Information Model). Da ein vollständiges Produktmodell ein sehr komplexes Gebilde ist, wird es in Partialmodelle untergliedert. Diese wurden in STEP in Anwendungs- und Basismodelle eingeteilt. Dabei dienen Anwendungsmodelle der formalen Abbildung von Produktmerkmalen aus Anwendungssicht. Basismodelle hingegen werden zur anwendungsunabhängigen Beschreibung der Produktgestalt und der Produktdarstellung verwandt. Die Produktgestalt wird durch die Basismodelle *Geometrie, Topologie, Formelemente, Toleranzen, Oberfläche* und *Darstellung* spezifiziert (GRABOWSKI U. A. 1989B).

3.2.2 Prozeßmodellierung durch Petri-Netze

In der Literatur finden sich zahlreiche Verfahren zur Modellierung von diskretisierbaren Prozessen. Einen kurzen Überblick gibt die folgende Auflistung (entnommen aus MÖHRLE (1989)):

- Petri-Netze (PETRI 1962)
- Zustandsgraphen (STUTE U. A. 1977)
- Funktionspläne nach *DIN 40719T*
- Programmablaufpläne nach *DIN 66001*
- Struktogrammme (NASSI & SHNEIDERMAN 1973)
- Logikpläne nach DIN 40700
- Funktionspläne nach VDI 3260

Eine von MÖHRLE (1989) durchgeführte Studie über die Funktionalität von Prozeßbeschreibungsverfahren besagt explizit, daß sich von diesen Verfahren für Planung und Betrieb von Anlagen Petri-Netze am besten eignen. Die meisten Verfahren scheiden in der Selektion deswegen aus, weil sie keine nebenläufigen Prozesse beschreiben können. Zustandsgraphen, die unter gewissen Randbedingungen auch Nebenläufigkeiten darstellen können, sind nur eine Teilmenge der Petri-Netze, und diesen deswegen an Ausdruckskraft unterlegen. Darüber hinaus bestätigt der zunehmende Einsatz von Petri-Netz gestützten Entwurfs- und Entwicklungsmethoden die Überlegenheit dieses Verfahrens (MÖHRLE 1989, S. 43).

Die den Beschreibungen mit Petri-Netzen zugrunde liegenden Netze sind eine Ableitung aus der allgemeinen Systemtheorie und erlauben insbesondere die Beschreibung von dynamischen und parallelen Prozessen (PETRI 1962).

Aus den Grundbegriffen *Bedingung* und *Ereignis* entwickelte Petri mit einfachen mathematischen Mitteln eine Prozeß- und Systemtheorie. Wesentliches Kennzeichen ist die schon erwähnte Abbildung der Nebenläufigkeit von Prozessen, wobei die Kausalordnung das Zusammenwirken der einzelnen Prozesse bestimmt.

Die Kausalordnung eines Prozesses wird in der statischen Struktur von Petri-Netzen durch gerichtete Kanten und zwei Arten von Knoten dargestellt:

- Bedingungsknoten
- Ereignisknoten

Bedingungen, je nach Netztyp auch als Zustände, Stellen oder Plätze bezeichnet, beschreiben den Zustand eines Systems oder eines Prozesses. Ereignisse, die auch als Transitionen oder Aktionen bezeichnet werden, bewirken den Übergang zwischen einzelnen Bedingungen (SPUR U. A. 1993, S. 34).

Die Struktur eines Petri-Netzes ist die Basis für die Darstellung dynamischer Vorgänge (Bild 4-15). Diese werden mit Hilfe von dynamischen Marken, die von Stelle zu Stelle wandern, beschrieben. Die auf dieser Basis entwickelten Netze unterscheiden sich hauptsächlich durch die Art der Markierung mit Marken. Genau durch diese Marken und das sogenannte *Markenspiel*, das Wandern der Marken, erhält das Netz als statisches Modell der Realität seine dynamische Komponente. Die Existenz von einer oder von mehreren Marken auf einer Stelle symbolisiert den Erfüllungsgrad des entsprechenden Zustandes. Durch das Markenspiel werden diese von einem Ausgangszustand durch das Aktivieren von Transitionen auf einen Folgezustand übertragen. Das Aktivieren einer Transition wird durch die sogenannte Schaltregel bestimmt, die besagt, daß alle Stellen, die vor einer Transition liegen, markiert sein müssen und alle Stellen, die nach einer Transition liegen, nicht erfüllt sein dürfen, um das Schalten einer Transition zu ermöglichen.

Im Laufe der Entwicklung hat sich eine Vielzahl von unterschiedlichen Netzklassen gebildet, deren wesentliches Ziel eine komfortable Beschreibungsform ist. Zu diesen Netzklassen (MÖHRLE 1989) gehören:

- Bedingungs-Ereignis-Netze
- Kanal-Instanzen-Netze
- Stellen-Transitionen-Netze
- Prädikats-Transitionen-Netze

In Bild 3-8 wird eine von Möhrle ausgewählte beispielhafte Anwendung eines Stellen-Transitions-Netzes gezeigt.

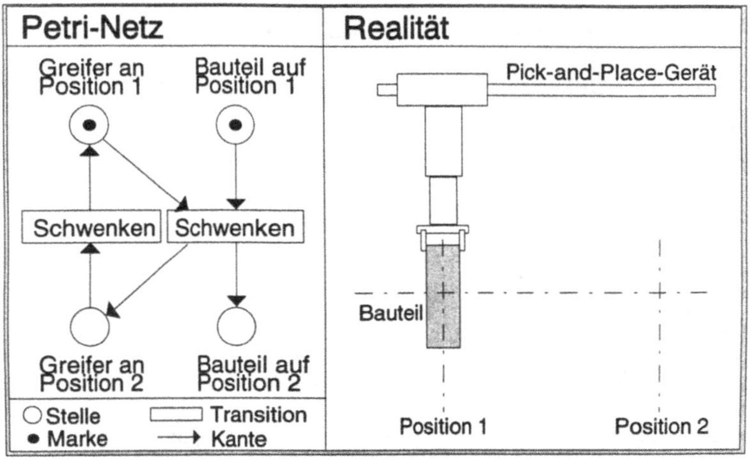

Bild 3-8: Modellbildung mit Petri-Netzen (MÖHRLE 1989, S. 39)

3.2.3 Unternehmensdatenschemata

In einem Unternehmensdatenschema ist das Produktdatenschema mit der datentechnischen Beschreibung des Produktes und das Prozeßdatenschema zur Beschreibung von dynamischen Prozessen eingebettet. Erst durch die Kombination dieser beiden Schemata kann die in Kapitel 2.2.2 aufgestellte Forderung nach einer redundanzfreien Datenhaltung im Montageplanungsbereich erfüllt werden. Aus diesem Grund werden im folgenden die relevanten Ansätze aus der Literatur analysiert. Da im vorangegangenen Text Produkt- und Prozeßschemata schon ausführlicher besprochen wurden, wird jetzt der Fokus auf die Verknüpfung der beiden Schemata gerichtet.

3.2.3.1 Integriertes Unternehmensmodell IUM

Das Konzept des IUM (Integriertes Unternehmensmodell) (SPUR U.A. 1993) erhebt den Anspruch, die Grundlage für die Abbildung der verschiedenen Aspekte von Produktionsunternehmen in einem einzigen Modell zu liefern (SÜSSENGUTH 1991).

Der Kern der Modellstruktur umfaßt die Sichtweisen:

- Informationsmodell
- Funktionsmodell

Im Informationsmodell geht es um die Fragestellungen:

- Welche Modellelemente (z.B.: Produkt, Betriebsmittel) gibt es und wie sind sie beschaffen?
- Durch welche Funktionen werden die Modellelemente verändert bzw. welche Funktionen führen sie aus?

Das Funktionsmodell behandelt:

- Welche Funktionen werden in welchem Ablauf (z.B.: Fertigungsprozeß), bezogen auf Modellelemente, ausgeführt?
- Wie werden die Funktionen detailliert?

Durch die Anwendung und gegenseitige Verknüpfung von generischen Modellansätzen wird ein konsistentes Modell eines Produktionsunternehmens aufgebaut. Objekte im Unternehmen sind die Elemente des Modells. Sie können identifiziert, spezifiziert und zu Aktivitäten in Bezug gesetzt werden.

Die Unterscheidung zwischen den Sichtweisen Informationsmodell und Funktionsmodell äußert sich im Datenschema durch die Aufteilung in *generische Objekt-* und *Aktivitätenschemata.* In Anlehnung an das generische Aktivitätenmodell (GAM) aus dem ISO TECHNICAL REPORT 103141 (1989) und an das CIM-OSA-PROJEKT (1991) werden die drei Klassen Produkt, Auftrag und Ressource definiert, die von der Wurzelklasse "IUM-Objektklasse" die generische Beschreibung für die Beschreibung des Objektlebenszyklus erben.

Für die Abbildung der Funktionen der Objekte und zur Modellierung der Funktionssichtweise wird das generische Aktivitätenmodell definiert. Es basiert auf den Modellen des ISO-GAM sowie von CIM-OSA und SADT (ROSS 85), stellt darüber hinaus jedoch einen wechselseitigen Bezug zwischen Funktionen und Objekten eines Unternehmens her. Da das IUM als Weiterentwicklung der Ansätze von ISO-GAM und CIM-OSA zu betrachten ist, beschränkt sich diese Arbeit auf die Betrachtung des IUM.

Im Objektschema wird zwar eine eigene Assoziationsform für die Abbildung von Stücklisten, Teileverwendungsnachweisen vorgestellt, aber darauf hingewiesen, daß diese Strukturen auch durch das in STEP entwickelte Datenschema dargestellt werden können. Das gleiche gilt für die Geometriebeschreibung von Produkten. Auffällig ist, daß für Ressourcen (z.B. Roboter, Werkzeugmaschinen, Werkzeuge, etc.) keine Geometriebeschreibungen und Materialkenngrößen vorgesehen wurden (SPUR U. A. 1993, S. 232).

Im Aktivitätenschema wird eine generische Funktionsdarstellung genutzt, so daß für alle Objekte (Produkt, Auftrag oder Betriebsmittel) eine vom Prinzip her gleiche Funktionsdarstellung möglich ist. Um einen Bearbeitungsablauf zu beschreiben, werden die verschiedenen Bearbeitungsfunktionen aneinandergereiht. Dabei muß bei jeder Bearbeitungsfunktion ein passives Objekt beteiligt sein (SPUR U. A. 1993, S. 238). Es stellt sich die Frage, wie der Ablauf eines aktiv agierenden Objektes, wie zum Beispiel der einer Werkzeugmaschine beschrieben werden kann, wenn er sich nicht in jeder Bearbeitungsfunktion mit dem Ablauf des zu bearbeitenden Teiles deckt.

Außerdem ist nicht erkennbar, wie Nebenläufigkeiten in einem Funktionsablauf beschrieben werden können, da sich der Ablauf eben nur auf ein passives Objekt bezieht. Wegen diesem Defizit und wegen fehlender Übergangsbedingungen bei der seriellen Verknüpfung von Funktion zu Funktion erreicht das GAM nicht die Ausdrucksstärke eines Petri-Netzes.

3.2.3.2 Unternehmensdatenmodell von Scheer

Das Leitmotiv dieses Ansatzes ist die Entwicklung von Datenstrukturen für durchgängige Unternehmensprozesse. Es deckt sich dadurch sehr stark mit der in dieser Arbeit verfolgten Zielsetzung.

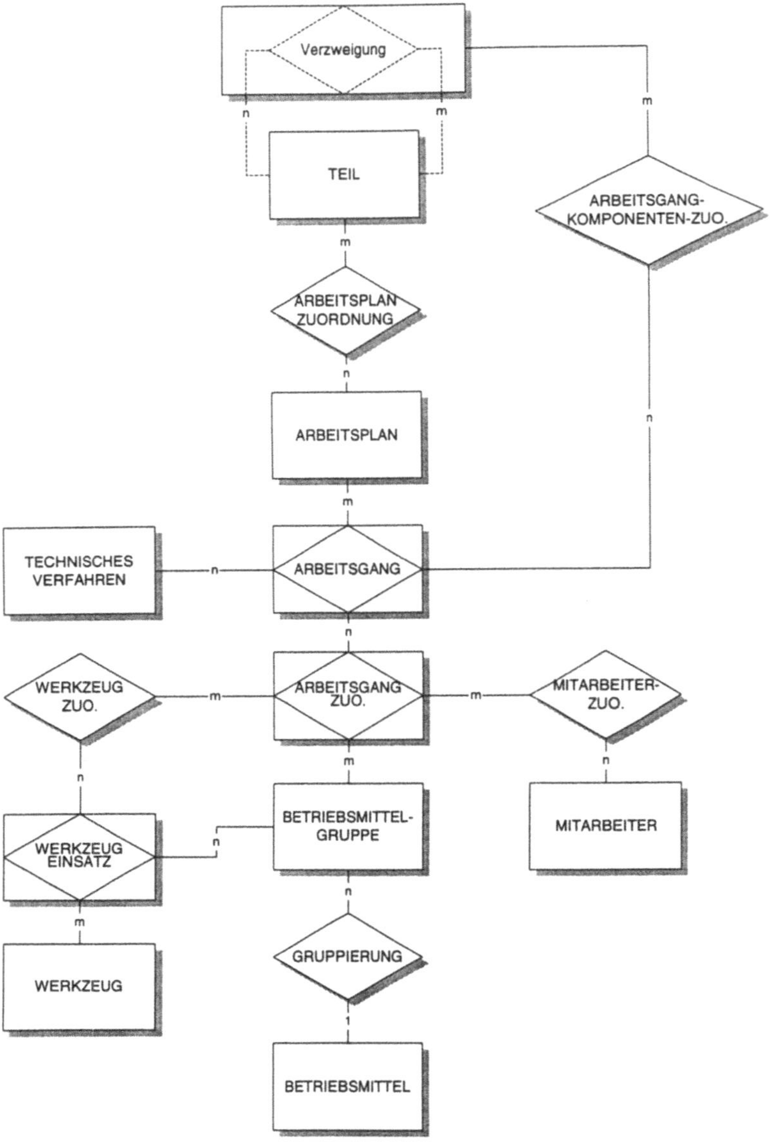

Bild 3-9: Prozeßbeschreibung im Datenschema nach SCHEER *(1990, S. 165)*

Das Unternehmensdatenmodell von SCHEER (1990) beansprucht für sich, daß es die Daten der Unternehmensbereiche Produktion, Technik, Beschaffung, Absatz, Personal, Rechnungswesen und Verwaltung abbilden kann. Die wesentlichen Daten des hier relevanten Bereichs der Produktentwicklung sind damit im Unternehmensdatenmodell von Scheer enthalten. Der Schwerpunkt liegt bei Scheer allerdings auf den betriebswirtschaftlichen Aspekten, während hier die technischen Aspekte im Vordergrund stehen.

Die Notation zur Darstellung des Datenschemas ist das Entity-Relationship-Model (ERM) von CHEN (1976). Es wird dabei allerdings keine der Erweiterungen des ERM (ELMASRI&NAVATHE 1989) zur Darstellung von objektorientierten Datenschemata genutzt, und dadurch auf die Ausdrucksmöglichkeiten der objektorientierten Modellierung verzichtet.

Bei Scheer wurde ein eigenes Schema für die Darstellung von Produktstrukturen (Stücklisten, Teileverwendungsnachweise, etc.) entwickelt und nicht auf STEP zurückgegriffen.

Die Prozeßbeschreibung gruppiert sich um den Arbeitsplan. Der Zusammenhang wird in Bild 3-9, das das entsprechende Datenschema enthält, dargestellt. Es wird deutlich, daß Produkt (im Bild „Teil"), „Werkzeuge" und „Betriebsmittel" im Arbeitsplan auf unterschiedliche Art Eingang finden. Die Prozeßdatenmodelle sind damit nicht objektneutral.

Der Arbeitsplan beschreibt den Lebenslauf des „Teils". Er beinhaltet keine Übergangsbedingung von einem Arbeitsgang zum nächsten und sieht auch keine Verzweigungsbedingungen vor. Er kann deswegen nur eingeschränkt zur Beschreibung und Steuerung von komplexen Prozessen genutzt werden.

3.2.4 Defizit der Datenschemata

Das wesentliche Defizit der bekannten Datenschemata ist die fehlende Verknüpfung der unterschiedlichen Datenarten. Es gibt zwar einerseits die zur Prozeßbeschreibung gut geeigneten Petri-Netze und andererseits das schon sehr weit gediehende STEP-Datenschema für Produktdaten. Es gibt aber noch keine Brücke zwischen diesen beiden Datenschemata.

3.3 Rechnerwerkzeuge

Die gestiegenen Anforderungen bei einer Montageplanung machen eine geeignete Rechnerunterstützung der Planungsverfahren erforderlich. Über eine breite Anwendung von rechnergestützten Methoden können die Planungsrisiken und die Störanfälligkeit von kapitalintensiven Montageanlagen vermindert werden. Dabei sollte nicht vergessen werden, daß es nicht darum geht, den Rechnereinsatz zu maximieren, sondern den Anwendernutzen zu optimieren (WITTE 1991).

Es stehen derzeit dem Planer viele Werkzeuge zur Lösung von Einzelproblemen (z.B. Ablaufsimulation) zur Verfügung. Darüberhinaus existieren aber auch eine Reihe von Planungswerkzeugen, die auf einem ganzheitlichen und umfassenden Ansatz basieren, d.h. die den Planer während der gesamten Planungsdauer unterstützen. Insbesondere diesen übergreifenden Systemen gilt die folgende Betrachtung, da sie der Erfüllung, der in Kapitel 2 gestellten Anforderungen am nächsten kommen.

3.3.1 Das Planungssystem COSEM

Im Rahmen des Sonderforschungsbereichs 336 „Montageautomatisierung durch Integration von Konstruktion und Montageplanung“ wurde am Institut für Werkzeugmaschinen und Betriebswissenschaften der TU-München von SCHUSTER (1992) das Planungssystem COSEM (**CO**mputergestützte **S**trukturierte **E**ntwicklung von **M**ontagesystemen) entwickelt, das zur Planung flexibel automatisierter Montageanlagen eingesetzt werden kann.

Das Montageplanungssystem besteht aus den implementierten Modulen:

- Montagesystemplanungsmodul
- Montageprozeßplanungsmodul
- Komponentenkatalog
- Kalkulationsmodul
- Investitionsmodul

Das Planungssystem verfolgt das Ziel einer ganzheitlichen Betrachtung der Planung. Zur Ergänzung werden auch betriebswirtschaftliche Aspekte (Kalkulation, Investitionsrechnung) integriert.

Zur Visualisierung der Montagesysteme nutzt COSEM das 3D-Simulationssystem USIS und für die Datenhaltung steht ein relationales Datenbanksystem zur Verfügung.

Eine wesentliche Anforderung bei der Entwicklung war die Unterstützung des Simultaneous Engineering bei Produktentwicklung und Montageplanung. Ein erster Schritt in diese Richtung wurde durch die frühzeitige Überprüfung der Fügeprozesse mittels graphischer Simulation und eine anschließende systematische Montagebeurteilung getan, auf die vom Konstruktionsarbeitsplatz zugegriffen werden kann.

Die dem Leser vorliegende Arbeit ist aus der direkten Fortführung desselben Teilprojektes des Sonderforschungsbereichs 336 entstanden und greift deswegen ganz bewußt einige Ideen von COSEM auf. Insbesondere die Einbindung eines 3D-Simulationssystems zur Visualisierung von Montageprozessen und die Einbeziehung von Kostenbetrachtungen wurde bei der neuen Entwicklung berücksichtigt.

Bei COSEM lag der Fokus jedoch sehr stark auf der 3D-Simulation, so daß frühere Phasen der Planung (wie zum Beispiel die Ablaufplanung) nicht unterstützt, sowie die Weiterverwendung des zugrundeliegenden Datenmodells für die Umsetzung der Anlage nicht angedacht worden waren.

3.3.2 Das Planungssystem EMMA

Am Institut für Arbeitswissenschaften und Betriebsorganisation (ifab) der Universität Karlsruhe wurde das rechnerunterstützte Planungsverfahren EMMA zur integrierten Gestaltung von Produkten und manuellen Montagearbeitssystemen entwickelt (ZÜLCH & WALDHIER 1992). Es dient zur Unterstützung der Phasen der Produktanalyse, der Grob- und der Feinplanung.

EMMA stellt ein Expertensystem dar, das in den betrieblichen Informationsfluß integriert ist und direkt an CAD-Systeme gekoppelt werden kann. Im Rahmen einer Weiterentwicklung von EMMA wird dazu der Einsatz von STEP erwogen.

Ausgehend von der Beschreibung eines Produktes in einem CAD-System werden bereits Baugruppen und die Montagereihenfolge festgelegt. Ein Preprozessor extrahiert aus der zuvor vom CAD-System erzeugten Datei die montagerelevanten Daten des zu montierenden Produkts. Dabei werden

- die Dimension und Gestalt der Einzelteile sowie
- die Reihenfolge- und Fügebeziehungen

berücksichtigt. Diese Daten werden in einer Datenbank abgelegt, auf die der Kern des Systems, der den gesamten Planungsablauf steuert, ständig Zugriff hat.

Anschließend werden mit EMMA interaktiv Varianten für die Struktur des Montagesystems erarbeitet. Eine weitgehend automatisierte Zeitermittlung nach dem MTM-Grundverfahren legt die Kapazitäten und eine grobe Abtaktung fest.

Für in Frage kommende Varianten wird unter Berücksichtigung ergonomischer Gesichtspunkte die Feinplanung durchgeführt. Eine Bewertung der Alternativen ist sowohl hinsichtlich der Montagezeit und -kosten als auch der Belastung der Mitarbeiter möglich.

Die Daten über die Montageanlage sind vom CAD-System lesbar. Dort können die ausgewählten Betriebsmittel, soweit sie in der Datenbank gespeichert sind, in einem Layout in verschiedenen Ansichten dargestellt und vermaßt werden.

Abschließend kann sich der Benutzer von der Erklärungskomponente eine detaillierte Beschreibung der Lösung sowie des Lösungsweges in natürlich-sprachlicher Form ausgeben lassen.

EMMA bietet ein umfangreiches Spektrum an Planungsmodulen und unterstützt den Datenaustausch mit der Konstruktion über eine IGES-Schnittstelle (Vgl. STEP aus Kapitel 3.2.1). 3D-Bewegungssimulation und eine Weiterverwendung der Prozeßdaten für die Anlagensteuerung bietet das System nicht.

3.3.3 Das Planungssystem ERGOMAS

Mit dem Planungshilfsmittel ERGOMAS (**ER**gonomische **G**estaltung und **O**ptimierung **M**anueller **A**rbeits**S**ysteme) hat die Firma DELTA Industrie Informatik GmbH ein System zur Grob- und Feinplanung manueller Arbeitsplätze mit anschließender Zeitanalyse und Zeitabtaktung nach dem MTM-Grundverfahren entwickelt (DELTA 1996). Eine umfassende Datenbank mit Arbeitsplatzkomponenten und ein Graphiksystem zur dreidimensionalen Gestaltung von Arbeitsplatzlayouts auf dem Bildschirm sind die zentralen Bausteine. Die darüber hinaus verfügbaren Planungsfunktionen werden vom Benutzer nach Bedarf aktiviert. Dadurch läuft der Planungsprozeß nicht starr ab, sondern orientiert sich an den Erfordernissen der jeweiligen Aufgabe.

Das Planungssystem ERGOMAS kann auf folgende Module zurückgreifen:

- Produktstrukturmodul
- Arbeitsplatzgestaltungsmodul
- Planzeitanalysemodul
- Ergonomie-/Kostenanalysemodul
- Anlagenplanungsmodul
- Dokumentationsmodul
- Werker-Simulationsmodul

Beim Planungsablauf von ERGOMAS werden, ausgehend von einer Produktstrukturliste, die den Aufbau und die Struktur des zu montierenden Endproduktes aus Baugruppen und Montagekomponenten beinhaltet, erste Vorrangbeziehungen und damit der Montageablauf festgelegt. Dabei werden die Eingangsdaten mit Hilfe eines Produkteditors entweder direkt am Bildschirm definiert oder über eine Schnittstelle vom CAD-System geladen.

Anhand der Produktstruktur erfolgt eine Zuweisung der Montagevorgänge auf einzelne Arbeitsstationen.

Bei der sich anschließenden Arbeitsplatzgestaltung können sowohl eigene Arbeitsplatzkomponenten erzeugt als auch die benötigten Systemkomponenten aus einer Datenbank entnommen werden, die derzeit verfügbare Systemelemente zur Gestaltung manueller Arbeitsplätze enthält.

Das Einfügen und Positionieren der Betriebsmittel wird durch eine Kollisionsfunktion überwacht, die die Anordnung auf Kollisionsfreiheit überprüft. Während der Gestaltungsarbeit lassen sich dabei alle Operationen auf mehreren verschiedenen 2D- und 3D-Ansichten durchführen. Eine Erstellung einer Betriebsmittelstückliste erfolgt automatisch nach dem Auswählen der Bauelemente aus der Datenbank.

In einer Vorgabezeitanalyse, in der MTM-Verfahren eingesetzt werden, ermittelt das System selbständig die richtigen Entfernungsbereiche der bereits definierten Montagekomponenten und der ihnen zugeordneten Montagevorgänge.

Eine sich anschließende Arbeitsplatzbeurteilung erfolgt nach wirtschaftlichen und ergonomischen Gesichtspunkten. Bei einer graphischen Bewegungssimulation werden die bei der Vorgabezeitanalyse mit dem MTM-Grundverfahren definierten Montagevorgänge simuliert.

Bei der Anlagenplanung werden die einzelnen Arbeitsplätze und Automatikstationen zusammen mit Verkettungselementen, die ebenfalls aus einer Datenbank ausgewählt werden können, zu einem Gesamtsystem vereinigt. Hier erfolgt die Zuordnung von Baugruppen und Tätigkeiten zu einzelnen Arbeitsplätzen.

Eine Dokumentation des aktuellen Planungszustandes kann jederzeit ausgedruckt werden, denn das Planungssystem beinhaltet die Führung eines Protokolls während des gesamten Planungsprozesses.

Das Planungssystem ERGOMAS ist in erster Linie auf die Gestaltung manueller Montageanlagen zugeschnitten. Planungsschritte, wie die Feinlayoutplanung von automatisierten Arbeitsstationen und die damit verbundene Off-Line-Programmierung von Roboterbahnen sind deswegen nicht vorgesehen. Außerdem wurde eine Weiternutzung der Prozeßbeschreibung in der Betriebsphase der Montageanlage nicht angedacht.

3.3.4 Das Planungssystem IDAP

Das EUREKA/FAMOS Forschungsprojekt IDAP (**I**ntegrated **D**esign and **A**ssembly **P**lanning) wurde in Kooperation der Fraunhofer-Institute IAO und IPA mit dem Softwarehaus Strässle Datentechnik GmbH, der Fichtel & Sachs AG und den englischen Projektpartnern Lucas Engineering & Systems und der University of Hull durchgeführt (RICHTER 1992).

Ziel dieses Projekts war die Effizienzerhöhung bei der integrierten Produktentwicklung und Montageplanung. Der Schwerpunkt war deshalb auf die Entwicklung innovativer Methoden bzw. integrierbarer Softwarebausteine zur Senkung von Kosten und Zeiten in der Varianten-Serienmontage gelegt worden.

Im Rahmen des IDAP-Projektes wurden vier Hauptmodule im Funktionsmodell definiert:

1. Die Konstruktionsunterstützung,
   die Konstruktionsregeln, Richtlinien und einen Konstruktionsbeispielkatalog zur Verfügung stellt sowie eine „Design For Assembly“-Analyse (DFA) ermöglicht.
2. Die Montageablaufplanung
   die der Ableitung der Montagestückliste, der Erstellung des Vorranggraphen und der Definition der nötigen Montageoperationen dient.
3. Die Montagesystemstrukturplanung,
   in der die Kapazität und der Materialfluß geplant und das System strukturiert wird.
4. Die Montagestationsplanung,
   bei der die Montagestationen konfiguriert und die Layouts sowie das Pflichtenheft erstellt werden.

Diese Hauptfunktionen sind in verschiedene Planungsfunktionen gegliedert. Die Planungsfunktionen sind durch einen zeitlichen Ablauf charakterisiert, in dem von einer Analyse der Montageaufgabe ausgehend eine Grobplanung in mehreren Schritten verfeinert wird. Es werden dabei parallel mehrere Alternativen verfolgt, die in den Entscheidungsstufen der einzelnen Planungsphasen ausgewählt und weiter verfolgt werden. Hier nimmt der Informationsgehalt mit jeder Aufgabe zu.

Eine beträchtliche Effizienzerhöhung bei der Montageablaufplanung wird durch den Einsatz der DFA-Analyse erreicht, die die Erstellung einer montagegerechten Produktstruktur unterstützt. Im weiteren kann aus der Strukturstückliste ein Vorranggraph abgeleitet werden. Zur Beschreibung bzw. Dokumentation von Standardabläufen kann der Planer Standardarbeitsgänge und montagebezogene Entscheidungsregeln verwenden.

Aufgabe der Montagesystemstrukturierung und der Stationenplanung ist es, für den ermittelten Kapazitäts- und Technologiebedarf der Produkte, ein entsprechendes Arbeitssystem zu planen. Ist eine Anlage bereits vorhanden, so erfolgt ein Abgleich von Kapazitätsbedarf und -angebot unter Berücksichtigung des Produktionsprogrammes und technologischer Restriktionen.

Der EDV-Prototyp befand sich zum Zeitpunkt der Veröffentlichung von RICHTER (1992) allerdings noch in einem sehr frühen Entwicklungsstadium. Seine Funktionalität wurde nur durch Input-/Output-Darstellungen der einzelnen Funktionen demonstriert und konnte noch in keiner Pilotanwendung erprobt werden.

3.3.5 Das Planungssystem IMPOS

Im Jahr 1986 schlossen sich die vier Firmen Audi AG, Brose Fahrzeugteile GmbH & Co KG, Standard Elektrik Lorenz AG und Waggon Union GmbH sowie das Softwarehaus Actis GmbH mit dem Fraunhoferinstitut für Arbeitswirtschaft und Organisation im Rahmen eines F&E-Vorhabens zusammen, um ein industriell breit einsetzbares Planungssystem für die Montageablaufplanung bei Serienfertigern zu entwickeln. Dabei entstand das Planungssystem IMPOS (SCHNEIDER 1994), bei dem einerseits besonderer Wert auf die Unterstützung der Änderungs- und Ähnlichkeitsplanung variantenreicher Montagen gelegt wurde, andererseits auch eine hohe Integrationsfähigkeit in die jeweilige betriebliche Planungsphilosophie und das betriebliche Informationssystem angestrebt wurde.

Das hier entwickelte System unterstützt im Grundausbau den Planer bei der Bewältigung folgender Aufgaben:

- Erzeugung einer montagegerechten Erzeugnisstruktur (Stückliste)
- Produktionsprogramm festlegen
- Anlegen, Beschreiben und Detaillieren der Montagetätigkeiten und -strukturen
- Arbeitssysteme definieren und bearbeiten
- Mehrmodelleistungsabstimmung
- Einsteuerfolgeplanung für Modell-Mix-Montagen
- Erzeugen von Montageplänen und anderen Fertigungspapieren

Der Planer kann sich weiterhin zu jedem Zeitpunkt der Planung eine Kosten- und Zeitübersicht zur Kalkulation automatisch erstellen lassen.

Die Systemfunktionen bauen logisch aufeinander auf und bilden gleichzeitig eine systematische Vorgehensweise, die eine iterative und schrittweise Zuordnung von Montageaufgaben zum Arbeitssystem unterstützt.

Aus den oben angeführten, von IMPOS unterstützten Aufgaben ist ersichtlich, daß das System ein breites Aufgabenspektrum abdeckt. Die Auswahl und Konstruktion von Betriebsmitteln und die Entwicklung des Layouts des Arbeitssystems sind allerdings ausgeklammert. Es wird auch nicht versucht, die in der Planung erzeugte Prozeßstruktur für die Steuerung des realen Prozesses weiterzuverwenden.

3.3.6 Das Planungssystem SIMPE/CONPE

MÖHRLE (1989) stellte mit dem System SIMPE (Simulation by Petri-Net-Elements) /CONPE (Controlling by Petri-Nets) ein Rechnerwerkzeug vor, das einerseits die Planung von Material- und Informationsfluß erlaubt und andererseits den Steuerungsentwurf bis hin zur fertigen Steuerungssoftware betreuen kann.

Auf Planungsseite (Entwurf und Auslegung) wird ein Petri-Netz-Modell zur Beschreibung des Prozesses der Produktionsanlage aufgebaut und entsprechend der Petri-Netz-Theorie algebraisch analysiert. Es besteht ferner die Möglichkeit zur Simulation der Netze. Die Simulationsergebnisse geben Aufschluß über Auslastung von Maschinen und Anlagen und Kapazität von Puffern und Lagern.

Für den Steuerungsentwurf besteht die Möglichkeit, die Modelle aus der Planung sowohl für Prozeßrechner als auch für speicherprogrammierbare Steuerungen (SPS) weiterzuverwenden. Im Falle der Nutzung für eine SPS kann das Petri-Netz die komplette Steuerungsvorschrift enthalten. Damit entspricht das während der Planung entworfene Netzmodell dem Steuerungsprogramm. Übersetzungsvorgänge wie bei herkömmlichen Programmiermethoden entfallen hier.

Das System SIMPE/COMPE stellt ein integriertes Gesamtsystem mit einheitlicher Datenstruktur, einheitlicher Methode und einheitlicher Benutzeroberfläche dar. Als Vorteile nennt Möhrle:

- Vermeidung von Informationsverlust durch einheitliche Datenmodelle
- Zeiteinsparung durch kürzere Entwicklungszeit

- Einfachere Bedienung durch einheitliche Modelle und Benutzeroberfläche

Möhrles Ansatz strebt mit seinem System die Integration von Planung, Simulation und Steuerung von Produktionsanlagen an. Die Planungsunterstützung beschränkt sich allerdings auf die Erstellung und Analyse der Petri-Netze und bezieht die anderen aus Kapitel 2.1.3 bekannten Planungsaufgaben nicht mit ein.

3.3.7 Defizite der Planungsysteme

Übergreifende Montageplanungssysteme haben schon einen sehr hohen Entwicklungsstand erreicht und integrieren bereits einen großen Umfang von Einzelplanungsaufgaben.

Die Montageabläufe abgeschlossener Planungen können allerdings nur unter Umständen für andere Projekte weitergenutzt werden, da sie nicht nach Bauteilen modularisiert und deswegen trotz Datenbankanwendung entsprechend schwer recherchierbar sind.

Die Systeme sind in der Regel nicht darauf ausgerichtet, ein komplettes rechnerinternes Modell einer Montageanlage aufzubauen, so daß sie von vornherein in ihrer Entwicklungsfähigkeit eingeschränkt sind und für unterschiedliche Planungsaufgaben zum Teil redundante Modelle benötigen.

Auch die Weiterverwendung der Planungsdaten für den Betrieb der Anlage, wie sie von MÖHRLE (1989) durchgeführt wurde, wird von keinem der eigentlichen Planungssysteme aufgegriffen.

3.4 Zusammenfassung

Planungsmethoden

Bei den in der Literatur aufgezeigten Planungsmethoden finden sich zwei unterschiedliche Vorgehensweisen (Bild 3-10),:

- Entweder wird die Vorgehensweise nach der Art der Planungsinhalte gestuft und der Detaillierungsgrad über iterative Arbeitsabläufe immer weiter gesteigert, oder
- die Vorgehensweise ist von vornherein nach dem Detaillierungsgrad gestaffelt.

Die wesentlichen Unterschiede innerhalb dieser Ausprägungen liegen beim Anwendungsbereich, bei der Anzahl der Planungsphasen und den ihnen zugeordneten Inhalten und bei den zur Bearbeitung vorgeschlagenen Rechnerhilfsmitteln (vgl. DEUTSCHLÄNDER 1988, S. 63).

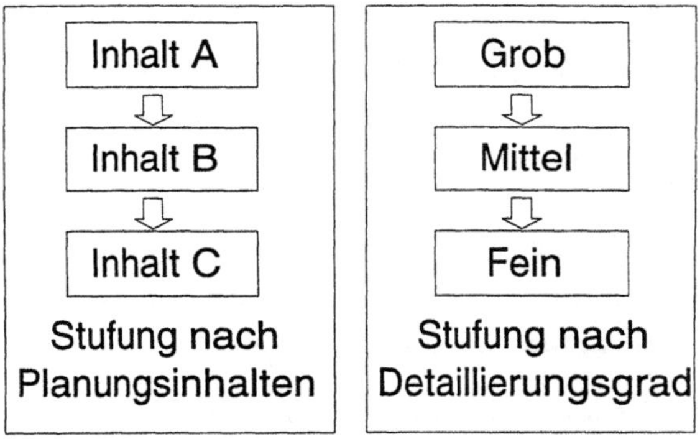

Bild 3-10 : Der Planungsablauf wird nach seinen Inhalten oder nach Detaillierungsgrad gegliedert.

Verschiedene Autoren schlagen für die organisatorische Abwicklung der Zusammenarbeit von Konstrukteur und Planer ein Projektteam vor, in dem beide neben anderen Know-how-Trägern vertreten sein sollen. Die Abstimmung mit der Vorgehensweise der Konstruktion wird vielfach gefordert, aber nicht detailliert ausgeführt und in der Planungssystematik berücksichtigt. Die grundlegende Abhängigkeit zwischen Planungsschritten und den für sie notwendigen Konstruktionsergebnissen wurde in keinem Fall betrachtet.

Die Frage wie eine Planungsvorgehensweise konkret aussieht, wenn sie in enger Abstimmung mit der Konstruktionsvorgehensweise ablaufen soll, bleibt unbeantwortet.

Datenschemata

Der Stand der Technik bietet für Produkt- und Prozeßdatenschemata Ansätze, die den Anforderungen der meisten Autoren weitgehend gerecht werden. Der Bereich der Montageplanung erfordert jedoch die Vereinigung beider Bereiche, da sowohl Produkte als auch Prozesse abgebildet werden müssen. Die Ansätze, die eine derartige

Vereinigung anstreben, fallen unter die Kategorie Unternehmensschemata. Es ist auffällig, daß bei der Entwicklung von Unternehmensschemata nicht die sich etablierenden Ansätze aus den Bereichen der Produkt- und Prozeßschemata genutzt werden. Die Folge davon ist, daß bei der detaillierten Betrachtung der Unternehmensschemata Wünsche offen bleiben, obwohl diese nach dem Stand der Technik im Prinzip schon erfüllt werden könnten.

Die eigentliche offene Fragestellung ist damit: Wie können die Datenschemata der Teilbereiche Produkt- und Prozeßmodellierung verknüpft werden?

Rechnerwerkzeuge

Für die Unterstützung des Planers wurden viele Computerprogramme entwickelt. Die Systeme haben zum Teil schon einen sehr hohen Entwicklungsstand erreicht und sind in Einzelfällen bereits auf dem freien Markt erhältlich.

Die Systeme integrieren viele der Teilaufgaben der Montageplanung. Es gibt aber kein System, das den Aufbau eines kompletten rechnerinternen Anlagenmodells unterstützt.

Wie schon erwähnt, können die Montageabläufe abgeschlossener Planungen nicht ohne weiteres für andere Planungen genutzt werden, so daß es trotz Datenbankeinsatz keine Montageprozeßbibliotheken gibt.

Auffällig ist auch, daß keines der eigentlichen Montageplanungssysteme den Ansatz zur Weiterverwendung der Planungsdaten im Betrieb weiterverfolgt. Dies ist möglicherweise auch darauf zurückzuführen, daß, wie oben bereits erwähnt, noch kein Datenschema zur Verfügung steht, das die Anforderungen von Planung und Betrieb gleichermaßen erfüllt.

4 Konzeption einer Methode für die integrierte Montageplanung

Im Kapitel 3 wurde gezeigt, daß es in der Literatur bereits mehrere Ansätze zur methodischen Montageplanung gibt. Dazu zählen sehr detaillierte und in der Praxis bewährte Vorgehensweisen für Teilschritte der Planung. Der Wissensstand über das Zusammenspiel der einzelnen Planungsschritte im konkreten Anwendungsfall und über die Abstimmung zwischen Planung und Konstruktion ist allerdings lückenhaft.

Das primäre Ziel dieses Kapitels ist deswegen die Konzeption einer auf die Konstruktion abgestimmten Montageplanungsmethode. Die unterschiedlichen Planungsaufgaben werden dazu systematisch gegliedert. Das Ergebnis der Gliederung ist als eine Art „Baukasten" zu verstehen. Eine auf den Baukasten zugeschnittene „Bauanleitung" dient dann zur Erstellung von einzelfallbezogenen Vorgehensleitfäden.

Im folgenden Abschnitt 4.1 werden zunächst die grundlegenden Konzepte der „Synthese" und „Analyse" von rechnerinternen Modellen beschrieben. In Kapitel 4.2 wird die Vernetzung der Planungsaufgaben untereinander diskutiert. Zum Zweck der Abstimmung der Planung auf die Konstruktion wird betrachtet, inwieweit der Planer für den Beginn einer Planungsaufgabe auf Konstruktionsergebnisse angewiesen ist.

In Abschnitt 4.3 werden die Unterschiede zwischen Neu- und Anpassungsplanungen beschrieben, so daß diese Aspekte bei der Erstellung von Vorgehensleitfäden berücksichtigt werden können.

Zum Abschluß werden in Kapitel 4.4 die einzelnen Gedanken zu der erwähnten „Bauanleitung" zusammengefaßt und aufgezeigt, wie sich ein Planer an der Methode orientieren kann.

4.1 Synthese und Analyse rechnerinterner Modelle von Montageanlagen

Die Montageplanung legt die Merkmale der zu realisierenden Montageanlage fest. Das Ergebnis kann je nach Montageproblem von unterschiedlichem Detaillierungsgrad sein. Zum Beispiel wird in der Praxis eine manuelle Kleinserienmontage wesentlich weniger detailliert geplant als eine flexibel automatisierte Montage, da viele Detailbetrachtungen dem Problemlösungsvermögen des Monteurs überlassen werden.

In der herkömmlichen Montageplanung werden die Ergebnisse in Form von Dokumenten, wie zum Beispiel Arbeitsplänen und Layoutzeichnungen, festgehalten. Diese Dokumente zeigen allerdings jeweils nur isolierte Aspekte der Montageanlage.

Nach HECHL (1994, S. 119) gilt es aber, von der isolierten Betrachtung von Einflußgrößen zu einer *integrierten Betrachtung des Gesamtsystems* überzugehen. Es bietet sich deswegen an, durch Nutzung der Vorteile der rechnergestützten Montageplanung ein ganzheitliches rechnerinternes Abbild der späteren Montageanlage als Beschreibungsform zu wählen (SCHUSTER 1992). Ausgehend von dieser Komplettbeschreibung können benötigte Dokumente automatisch generiert werden. Das rechnerinterne Abbild ist ein virtuelles Modell, das die reale Anlage je nach Detaillierungsbedarf unter möglichst vielen Gesichtspunkten abbildet. Der Vorgang des kontinuierlichen Vervollständigens dieses Modells während der Montageplanung wird im folgenden als „Synthese“ bezeichnet werden. Die für den Montageplaner relevanten Syntheseaufgaben wurden bereits in Kapitel 2.1.3 vorgestellt, wo die Aufgliederung aller Planungsaufgaben in Synthese- und Analyseaufgaben aus Übersichtsgründen bereits vorweggenommen wurde. Beispiele für Syntheseaufgaben sind das „Entwerfen des Ablaufplans“ oder die „Layoutplanung“.

Der Synthese gegenüber stehen die „Analyse“-Aufgaben. In der aktuellen Literatur über Montageplanung findet man als Beispiele dafür die Montagekostenkalkulation, die 3D-Simulation und die Ablaufsimulation. Diese Planungsschritte werden jedoch häufig nicht als Analyseschritt bezeichnet, weil zu ihrer Durchführung in der Regel die Synthese eines eigenen auf diese Analyse zugeschnittenen Modells nötig ist.

Das Ziel muß es allerdings sein, alle Analysearten unabhängig davon, ob Zeit-, Kosten-, Geometrie-, Kinematikaspekte oder physikalische Effekte betrachtet werden, mit dem einheitlichen Modell durchzuführen, das in der Synthese erzeugt wurde. Dadurch kann unnötiger Zusatzaufwand vermieden werden, der im Moment den Einsatz der vielfältigen in der Forschung entwickelten Analyseverfahren in der Praxis verhindert.

Bei einer rechnerunterstützten Produktentwicklung wird auf Seite der Konstruktion das rechnerinterne Modell des Produktes und auf Planungsseite das Modell der Montageanlage synthetisiert. Beide Modelle können zur Verbesserung der Ergebnisse hinsichtlich ihres Zielerfüllungsgrades analysiert werden.

Zur Erzielung eines montagegerechten Produktes übernimmt der Planer auch Aufgaben zur Analyse des Produktes aus montagetechnischer Sicht. Erfordern die Analyseergebnisse nur begrenzte Änderungen, kann das Produkt gleich innerhalb der Montageplanung optimiert und damit „synthetisiert" werden.

4.2 Abhängigkeiten der Planungsaufgaben

In Kapitel 2.1.3 wurde die Vielzahl von Planungsaufgaben zur Synthese und Analyse der Modelle von Produkt und Montageanlage vorgestellt. Damit im folgenden eine sinnvolle zeitliche Aufeinanderfolge festgelegt werden kann, wird untersucht, auf welche Ergebnisse die Planungsaufgaben jeweils aufbauen. Die Betrachtung beschränkt sich auf Ergebnisse aus Konstruktion und Montageplanung.

Die Planungsaufgaben wurden dazu bereits in die vier Kategorien Synthese (PS) und Analyse (PA) des Produktmodells und Synthese (MS) und Analyse (MA) des Montageanlagenmodells gegliedert. Aufgaben einer Kategorie hängen im wesentlichen von den gleichen Eingangsinformationen ab. Diese Abhängigkeiten (siehe auch Bild 4-1) werden im folgenden detaillierter betrachtet:

I. Konstruktionsergebnisse - MS-Aufgaben

Die Syntheseaufgaben der Planung bauen auf die Ergebnisse des Konstrukteurs auf und sind deswegen von der zeitdiskreten Weitergabe der Ergebnisse abhängig. Beispiel: Erst wenn eine Werkstückgeometrie vorliegt, kann ein Werkstückträger ausgesucht werden.

II. MS-Ergebnisse - MS-Aufgaben

Syntheseaufgaben sind untereinander abhängig, da nachfolgende Synthesen bestehende Syntheseergebnisse weiter detaillieren. Beispiel: Erst wird das Ideallayout erstellt, und damit die ideale Anordnung der Betriebsmittel zueinander bestimmt. Im 2D-Layout wird dann versucht diese ideale Anordnung auf dem realen Hallengrundriß unterzubringen.

Direkte Abhängigkeiten der Montageplanungsaufgaben — Eingangsinformation / Montageplanungsaufgaben	Konstruktionsergebnisse	MS-Ergebnisse	MA-Ergebnisse	PS-Ergebnisse	PA-Ergebnisse
Aufgaben zur Synthese des Montageanlagenmodells (MS)	I	II	III	IV	
Aufgaben zur Analyse des Montageanlagenmodells (MA)		V			
Aufgaben zur Synthese des Produktmodells (PS)			IX		VI
Aufgaben zur Analyse des Produktmodells (PA)	VII			VIII	

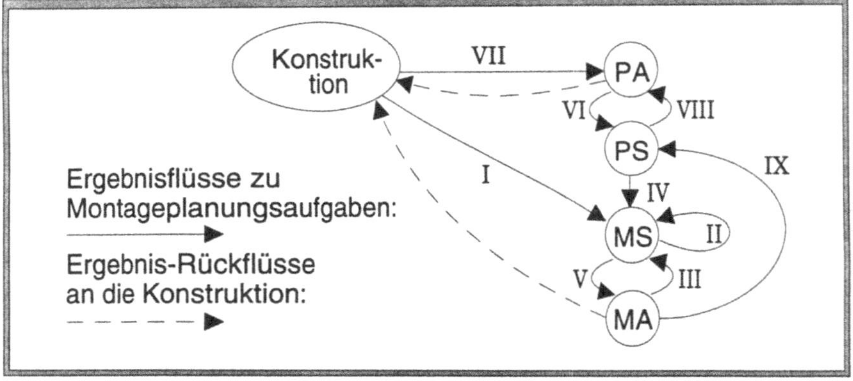

Bild 4-1: Abhängigkeiten zwischen Planungsaufgaben und ihren Eingangsinformationen (Die Fälle I bis IX werden im folgenden Text näher betrachtet.)

III. MA-Ergebnisse - MS-Aufgaben und V. MS-Ergebnisse - MA-Aufgaben

Die Syntheseaufgaben (MS) und Analyseaufgaben (MA) bilden eine Iterationsschleife zur Optimierung der Planungsergebnisse. Ein Rückfluß zur Konstruktion erfolgt spätestens dann, wenn die von der Konstruktion vorgegebenen Gestaltungsspielräume nicht mehr ausreichen, um ein Gestaltungsproblem zu beheben. Beispiel: Die 3D-Simulation ergibt, daß ein Roboter mit einem Laststand kollidiert. Zur Problemlösung wird die Position des Roboters verändert.

IV. PS-Ergebnisse - MS-Aufgaben

Die Aufgaben zur Synthese des Anlagenmodells berücksichtigen planungsseitige Produktänderungen. Beispiel: Wenn der Planer das Fehlen einer Fügeschräge erkannt und die Gestalt entsprechend geändert hat, kann er ein Fügemittel mit schlechterer Positioniergenauigkeit wählen.

VI. PA-Ergebnisse - PS-Aufgaben und VIII. PS-Ergebnisse - PA-Aufgaben

Die Aufgaben zur Synthese und Analyse des Produktes werden zur iterativen Ergebnisverbesserung mehrfach durchlaufen.

VII. Konstruktionsergebnisse - PA-Aufgaben

Analysen des Produktmodells durch den Montageplaner können erst durchgeführt werden, wenn Konstruktionsergebnisse weitergegeben worden sind. Beispiel: Erst mit der Produktgeometrie kann der Planer entscheiden, ob die Fügerichtungen einheitlich sind.

IX. MA-Ergebnisse - PS-Aufgaben

Falls bei der Analyse der Anlage Probleme aufgedeckt werden, die auf Produktmerkmale zurückzuführen sind, sollte das Produkt innerhalb der Gestaltungsspielräume optimiert werden. Ist dies nicht möglich, wird die Konstruktion hinzugezogen. Beispiel: Eine Fügeprozeß ist wegen einer zu kleinen Fügeschräge mit den verfügbaren Betriebsmitteln nicht automatisierbar. Das Produkt wird entsprechend geändert.

Aus den betrachteten Abhängigkeiten läßt sich als erstes Ergebnis die grobe Bearbeitungsreihenfolge der Planungskategorien ableiten:

Auf Konstruktionsseite wird durch einen iterativen Prozeß das Produktmodell generiert. Dabei findet genauso, wie auf Planungsseite ein Wechselspiel zwischen Synthesen und Analysen des Produktes statt. Ist dies abgeschlossen, können die Iterationsschleifen zur Bildung des Modells der Montageanlage begonnen werden. Dabei sind Rücksprünge zur Anpassung des Produktes möglich.

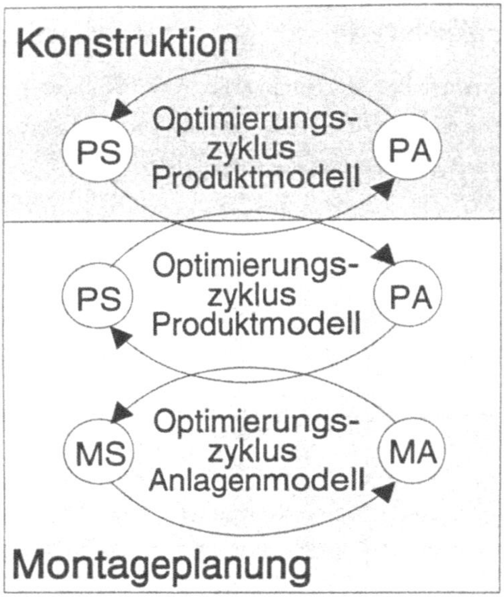

Bild 4-2: Der abgestimmte Entwicklungsprozeß von Konstruktion setzt sich aus drei ineinandergreifenden Optimierungszyklen zusammen.

Es fehlt die logische Aufgabenreihenfolge innerhalb der Kategorien MS, MA, PS und PA. Zu deren Ermittlung wird im folgenden eine detaillierte Betrachtung der wesentlichen Abhängigkeiten durchgeführt. Ausgangspunkt ist die Synthese des Montageanlagenmodells. Abhängigkeit II bedingt die Aufeinanderfolge der dafür nötigen Planungsaufgaben (Kapitel 4.2.1.1). Das Zusammenspiel zwischen Synthese und Analyse im Optimierungszyklus für das Anlagenmodell wird in Kapitel 4.2.1.2 behandelt (Abhängigkeiten III und V).

Nach Klärung dieser Zusammenhänge liegen die Abläufe für die isolierte Montageplanung vor. Für die Abstimmung mit der Konstruktion müssen zusätzlich die Abhängigkeiten I und VII berücksichtigt werden. Kapitel 4.2.2.1 befaßt sich deswegen mit Abhängigkeit I und Kapitel 4.2.2.2 mit Abhängigkeit VII.

4.2.1 Aspekte innerhalb des Planungsbereichs

4.2.1.1 Abhängigkeiten zwischen Syntheseschritten

Für die Aufstellung der Planungsmethode soll zunächst die Abhängigkeit der Planungsaufgaben von den Konstruktionsergebnissen außerachtgelassen, und allein die logische Aufeinanderfolge der Aufgaben zur Synthese des Montageanlagenmodells hergeleitet werden. Diese Situation entspricht dem in Kapitel 2.1.2 vorgestellten Fall D. Das heißt, daß dem Planer von Beginn an alle Konstruktionsergebnisse vorliegen, und daß er nicht eine bestehende Anlage an ein neues Produkt anpaßt, sondern eine komplett neue Anlage plant. In diesem Fall kommt das ganze Spektrum an Syntheseaufgaben in Betracht, und es gibt keine zeitlichen Abhängigkeiten von Konstruktionsfreigaben.

Die Syntheseaufgaben unterscheiden sich stark nach Abstraktionsgrad und Inhalt. Der Abstraktionsgrad gibt Hinweise auf die Art der sequentiellen Anordnung. Unterschiedliche Inhalte lassen auf die Möglichkeit einer parallelen Abarbeitung schließen. Steht die Verkettung der Syntheseaufgaben fest, können darauf aufbauend die Analyseaufgaben betrachtet werden, da diese sich auf Syntheseergebnisse beziehen und dadurch von den Syntheseaufgaben abhängig sind.

Bild 4-3 gibt die Verkettung der Syntheseaufgaben wieder. Die Aufgaben sind nach ihrem Detaillierungsgrad von oben nach unten angeordnet. Entlang der Horizontalen findet man Syntheseaufgaben, die sich durch den von ihnen synthetisierten Modellaspekt unterscheiden, aber ungefähr dem gleichen Detaillierungsgrad zuzurechnen sind.

Die im oberen Teil des Bildes eingezeichneten Syntheseaufgaben, wie zum Beispiel die „Ermittlung der Planungsziele“, grenzen zunächst nur den Lösungsraum ein. Je weiter man nach unten geht, beschreiben Syntheseaufgaben Merkmale des Modells immer konkreter. Unten angeordnete Aufgaben bauen jeweils auf die Ergebnisse der über ihnen eingezeichneten Aufgaben auf. Die Auswahl von „Puffern“ und „Verkettungsbetriebsmitteln“ macht zum Beispiel erst Sinn, wenn eine Prinzipanordnung entworfen wurde. Die „Stationsgestaltung“ kann erst erfolgen, wenn entschieden ist, ob das Produkt vom Menschen oder automatisch „gehandhabt“ werden soll.

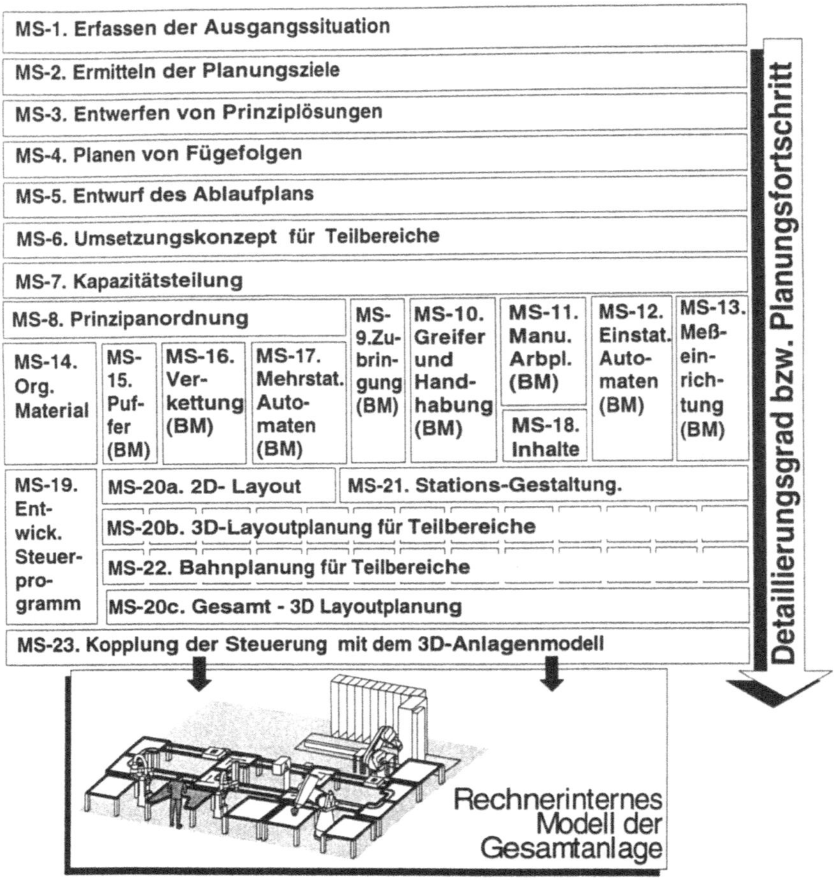

(BM) steht für "Auswahl bzw. Konstruktion von Betriebsmitteln"

Bild 4-3: Die Reihenfolge der Syntheseaufgaben

Montageanlagen können je nach Problemstellung hinsichtlich des Flexibilitätsgrads, des Automatisierungsgrads und der Stationenanzahl sehr unterschiedlich ausgeprägt sein. Aus diesem Grund werden vom Planer je nach Umsetzungskonzept (MS-6) sehr unterschiedliche Wege eingeschlagen. Einerseits kann es in einem konkreten Planungsfall sein, daß einige der in Bild 4-3 aufgelisteten Aufgaben gar nicht bearbeitet werden müssen, während es im Extremfall nötig wird, alle zu bearbeiten. In der Praxis wird die Synthese allerdings oft nur bis zum 2D-Gesamtlayout und zur konzeptionellen Stationsgestaltung durchgeführt. Alle weiteren Einzelheiten werden dann erst bei beziehungsweise durch die Realisierung der Anlage festgelegt.

4.2.1.2 Abhängigkeiten zwischen Synthese- und Analyseschritten

Ausgehend von dieser Betrachtung der Synthese wird nun näher auf die Analyse des Montageanlagenmodells eingegangen. In den in Kapitel 3.1 genannten Methoden aus der Literatur werden Analyseaufgaben meist genau festgelegten Zeitpunkten zugeordnet. Die Forderung nach hoher Planungsqualität führt jedoch zu einer engmaschigen Vernetzung von Schritten zur Synthese und Analyse. Ergebnisanalysen sollten im Idealfall nach jedem inkrementellen Planungsschritt durchgeführt werden, so daß Fehler ebenso wie ein Ausbrechen aus dem Zielkorridor zum frühestmöglichen Zeitpunkt erkannt werden können.

Statt eines Zeitpunktes soll und kann deswegen vielfach nur ein Zeitraum für die Durchführung von Analysen vorgegeben werden. Im Idealfall sollten Syntheseschritte während dieser Zeiträume ständig durch Analysen überwacht werden. Dieser Gedanke wird durch Bild 4-4 veranschaulicht.

Es ist zu berücksichtigen, daß in Abhängigkeit vom Detaillierungsgrad des Montageanlagenmodells die Aussagekraft der angewandten Analysemethoden schwankt. Zum Beispiel wird zu einem sehr frühen Planungsstadium die Prozeßkostenrechnung falsche Ergebnisse liefern, wenn der Prozeß noch nicht ausreichend beschrieben wurde. Deswegen muß der Planer hier auf andere Kostenrechnungsmethoden vertrauen, wie zum Beispiel eine Einzelteil- oder Baugruppenkalkulation (BULLINGER U. A. 1986, S. 83).

Aus der Betrachtung dieser Zusammenhänge ergibt sich die in Bild 4-5 getroffene Zuordnung zwischen Syntheseaufgaben und den sie zur Ergebnisoptimierung begleitenden Analyseaufgaben. Die Kriterien für die Zuordnung sind

- ein für die jeweilige Analyse ausreichender Detaillierungsgrad des Modells und
- die Relevanz der Analyseergebnisse für die Ergebnisoptimierung des Syntheseschritts.

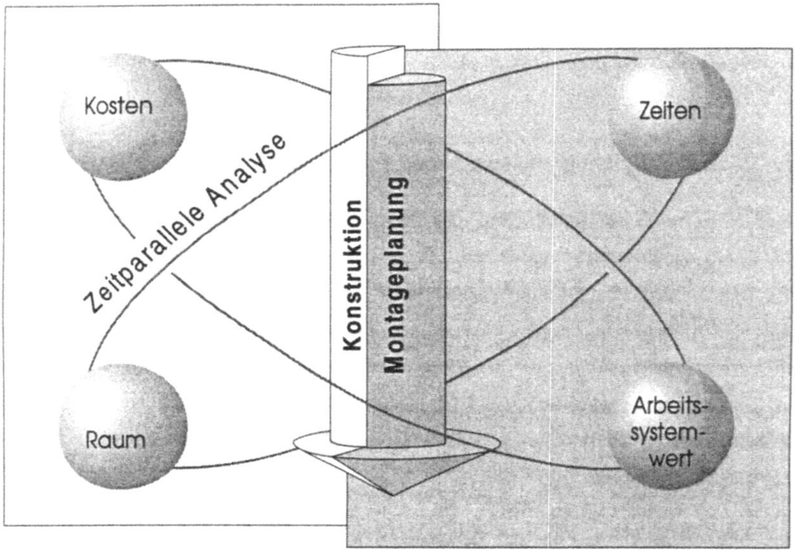

Bild 4-4: Analyse parallel zum Syntheseprozeß von Konstrukteur und Planer

Bei Erfüllung beider Kriterien wird der jeweilige Syntheseschritt mit der die Analyse kennzeichnenden Schraffur versehen. Die Aufteilung der Analysen auf die vier Abbildungen der Syntheseschritte in Bild 4-5 ist dabei willkürlich und dient nur der Übersichtlichkeit.

Zum Beispiel sollte bei MS-16 („Auswahl beziehungsweise Konstruktion von Verkettungsbetriebsmitteln") anhand der Ablaufsimulation (MA-1) untersucht werden, ob das ausgewählte Verkettungsmittel richtig dimensioniert ist. Mit der Auswahl eines konkreten Verkettungsmittels und der Zuordnung zu den entsprechenden Transportoperationen ist zum einen ein für die Ablaufsimulation ausreichender Detaillierungsgrad des Modells erreicht. Zum anderen liefert das Simulationsergebnis Aufschluß über die Dimensionierung des Verkettungsmittels.

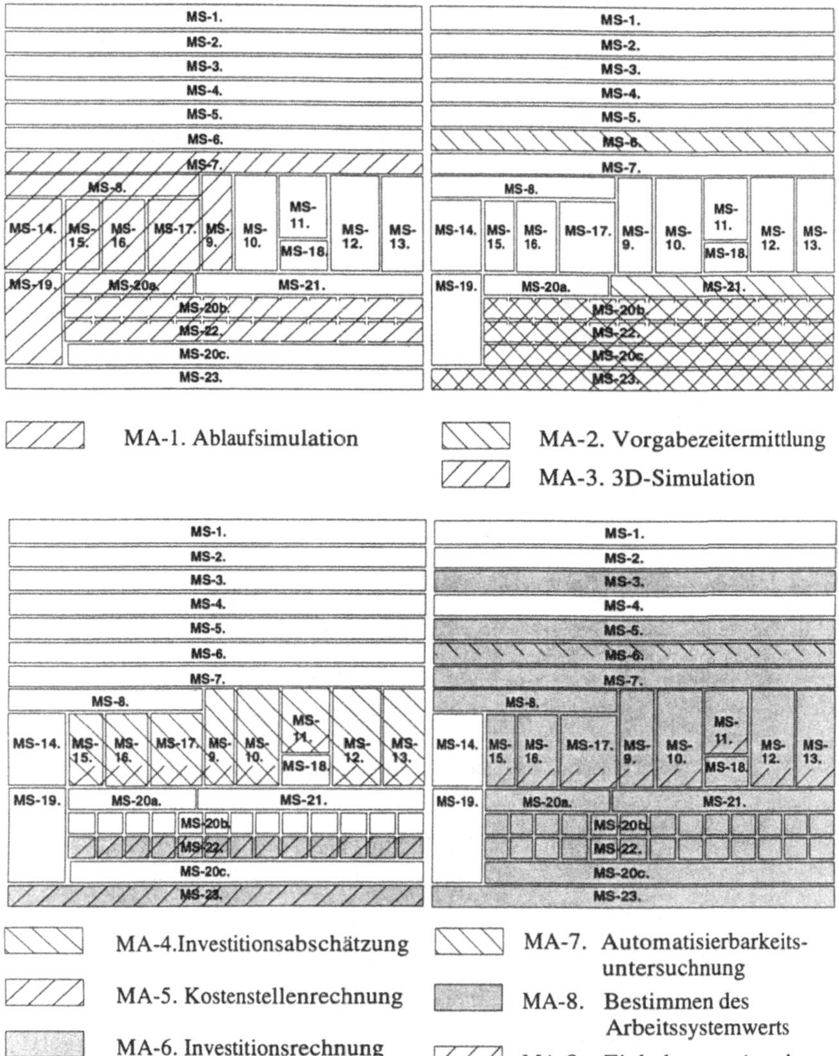

Bild 4-5: Zuordnung der Analyseaufgaben (MA) zu den Syntheseaufgaben (MS) aus Bild 4-3

Zur Ermittlung des günstigsten Einkaufspreises kann über das Einholen von Angeboten (MA-9) eine Marktanalyse erfolgen. Bevor es ausgewählt wird, sollte anhand der

Investitionsabschätzung (MA-4) sichergestellt werden, daß der Investitionsrahmen durch die Anschaffung nicht gesprengt wird. Falls eine Kostenoptimierung notwendig wird, kann zum Beispiel im Rahmen einer auf das einzelne Betriebsmittel bezogenen Kostenstellenrechnung (MA-5) erkannt werden, ob das Verkettungsmittel einen zu hohen Einfluß auf die Stückkosten hat. Für die Entscheidung über unterschiedliche Verkettungsalternativen kann auch eine Arbeitssystemwertanalyse (MA-8) durchgeführt werden.

Im folgenden Kapitel 4.2.2.1 wird eine weitere Untergliederung der Syntheseschritte entsprechend ihrer Abhängigkeit von Konstruktionsergebnissen vorgenommen werden. Dies ändert aber nichts an der hier getroffenen Zuordnung zwischen Synthese- (MS) und Analyseschritten (MA). Der Einfachheit halber wird deswegen auf die aus der weiteren Unterteilung der Syntheseschritte (MS) resultierende Unterteilung der Analyseschritte (MA) dort nicht mehr eingegangen werden.

4.2.1.3 Kontinuierliche Synthese rund um den Ablaufplan

In einigen Entwicklungsbereichen, wie zum Beispiel dem der Entwicklung von Halbleiterplatinen, gibt es einen streng festgelegten Entwicklungsablauf. Beim Ablauf der Montageplanung bestehen dagegen große Gestaltungsfreiräume.

Alle Methoden gehen zwar vom Groben ins Feine, es besteht aber fast immer die Wahl zwischen der Möglichkeit, einzelne Aspekte der Reihe nach detailliert auszuarbeiten (Depth first), oder alle Aspekte gleichzeitig zu detaillieren (Breadth first). Welcher Weg sich besser eignet, läßt sich für den allgemeinen Fall nicht vorschreiben. Im Regelfall wird die Detaillierung gleichmäßig vorangetrieben. Wegen der hohen Komplexität des Montageprozesses kann aber eine Detailbetrachtung jederzeit nötig werden.

Dabei kann es nötig werden, eine Planungsaufgabe zu wiederholen, wenn:

- die gleiche Aufgabe für unterschiedliche Bauteile durchgeführt wird.
- die gleiche Betrachtung auf verschiedenen Detaillierungsstufen angestellt wird.
- zu Vergleichszwecken Montagesystemvarianten geplant werden.
- Änderungen das vorliegende Ergebnis der Aufgabe wertlos machen.

Zum Beispiel wird die 3D-Bewegungsplanung für Fügeprozesse unterschiedlicher Baugruppen durchgeführt werden. Jeder Fügeprozeß könnte dabei zunächst ohne Betriebsmittel, dann mit *primären* Betriebsmitteln, später mit *sekundären* Betriebsmitteln (Definition nach SCHUSTER 1992, S. 33) und am Ende als Teil des Materialflusses durch die gesamte Anlage simuliert werden. Für den Fall, daß ein Alternativkonzept der Montageanlage geplant werden muß, würde sich dies alles wiederholen. Darüber hinaus könnten Änderungswünsche zu einem Wiederaufrollen aller Schritte führen.

Damit der Planer bei Abstraktionssprüngen die Übersicht bewahren kann, ist eine Orientierungshilfe nötig. Hier wird der Ansatz verfolgt, das rechnerinterne Modell der späteren Montageanlage als Orientierungshilfe zu nutzen.

Zunächst ist eine Grundstruktur notwendig, die das Modell wie ein Rückgrat zusammenhält, selbst wenn erst wenige Modellbruchstücke vorhanden sind, da das Modell im Idealfall von Anfang an als Orientierungshilfe dienen sollte. Die gesuchte Grundstruktur muß demnach schon zu Beginn der Montageplanung erstellt werden. Sie sollte alle Modellinformationen durchdringen und übersichtlich gestaltet sein.

Der Montageablaufplan erfüllt diese Anforderungen. Bild 4-6 zeigt einen Ablaufplan und die in ihm enthaltenen Informationen. Er enthält zum einen alle Einzelvorgänge des Montageprozesses, ihre Reihenfolge und die jeweils zu bearbeitenden Einzelteile. Zum anderen ist für das Erstellen einer ersten Version des Arbeitsplanes nur die Strukturstückliste notwendig, aus der die Baugruppengliederung entnommen werden kann. Der Ablaufplan kann damit schon zu einem sehr frühen Zeitpunkt vorliegen - gegebenenfalls sogar bevor der Konstrukteur die ersten Bauteilgeometrien freigibt.

Da der Ablaufplan alle Montageschritte durchdringt, kann er als Kristallisationskern des Modells dienen. Im weiteren Verlauf der Planung muß dieser Kern nach und nach um weitere Informationen ergänzt werden. Es ist dabei notwendig, daß sich jede Facette des Modells direkt oder indirekt mit dem Ablaufplan verbinden läßt, damit am Ende der Modellsynthese ein geschlossenes Abbild der Montageanlage entstehen kann.

Das Konzept der kontinuierlichen Synthese besteht zusammenfassend darin, daß das rechnerinterne Modell rund um den Ablaufplan immer weiter ergänzt wird, bis die ganze Anlage in ihren Einzelheiten beschrieben ist.

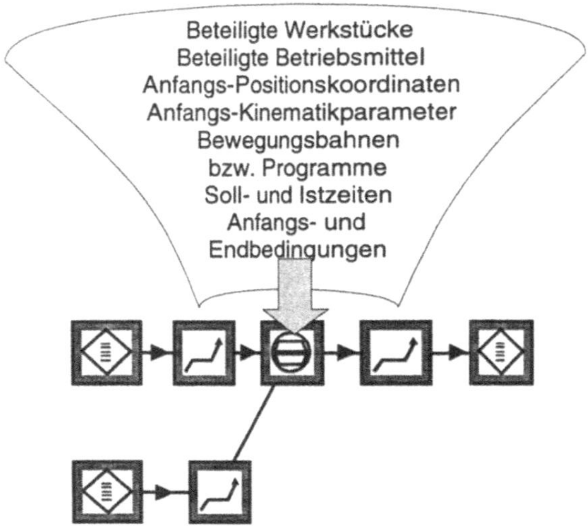

Bild 4-6: Dem Ablaufplan nach der VDI-RICHTLINIE 2860 werden sehr unterschiedliche Informationsarten zugeordnet.

Wie bereits im Kapitel *Grundlagen* ausgeführt wurde, werden im Laufe der Planung sehr unterschiedliche Informationen zusammengetragen, die alle im Ablaufplan abgelegt werden sollen (Bild 4-6). Zur Prozeßbeschreibung muß der Planer festlegen, welche Ablaufabschnitte es gibt und welche Betriebsmittel daran beteiligt sein werden. Es ist zu klären, welche Orte von Produkt und Betriebsmitteln je nach Systemzustand eingenommen werden und welche Bewegungen ausgeführt werden müssen. Auf Betriebsmittelseite werden zum Beispiel Kosten-, Geometrie-, Kinematikinformationen gesammelt. Obwohl die Detaillierung des Produktes Aufgabe des Konstrukteurs ist, muß auch dessen Geometrie- und Kinematikbeschreibung in das Modell eingefügt werden können.

Der beschriebene Sachverhalt ist als Anforderung an das dem Arbeitsplan zugrundeliegende Klassenschema anzusehen. Sie wird in Kapitel 5 aufgegriffen und bei der Entwicklung des Datenschemas berücksichtigt.

4.2.2 Abstimmung Konstruktion - Montageplanung

Bei der Darlegung der Grundlagen in Kapitel 2.1.2 wurde deutlich, daß es Planungsfälle gibt, bei denen ein Vorgehen parallel zur Konstruktion sowohl möglich als auch wünschenswert ist, da sich dadurch Zeit sparen läßt und Fehler frühzeitig erkannt beziehungsweise vermieden werden können. Die in Kapitel 3.1 durchgeführte Betrachtung der bis heute für die Abstimmung zwischen Konstruktion und Montageplanung entwickelten Planungsmethoden ergibt aber, daß es keine detaillierten Ansätze für eine methodische Unterstützung bei diesem Vorgehen gibt. Keiner der Ansätze beschreibt, welche konkreten Planungsaufgaben in Abhängigkeit von welchen Konstruktionszwischenergebnissen durchgeführt werden können. Gerade diese Grundzusammenhänge legen aber den frühest möglichen Beginn der einzelnen Planungsschritte fest und begrenzen damit das zeitliche Optimierungspotential.

Darüber hinaus wurde nur in Einzelfällen betrachtet, welche Analysen der Montageplaner hinsichtlich des Konstruktionsergebnisses sinnvollerweise durchführen sollte. Der Umfang der Rückmeldungen an die Konstruktion bestimmt allerdings gerade die Verbesserungsmöglichkeiten hinsichtlich Fehlerfrüherkennung, die es auszuschöpfen gilt.

Die nun folgenden Abschnitte stellen einen Baukasten vor, in dem die bekannten Planungsschritte entsprechend ihrer Abhängigkeit von Konstruktionsergebnissen systematisch angeordnet sind. Hier wird auf die in Kapitel 4.2.1.1 aufgezeigten Zusammenhänge zwischen den Planungsschritten aufgebaut, da sich daraus indirekte Zusammenhänge zwischen Planungsschritten und Konstruktionsergebnissen ergeben. Wenn zum Beispiel Planungsergebnis A auf Planungsergebnis B aufbaut, und B nur begonnen werden kann, wenn das Konstruktionsergebnis K vorliegt, dann ist A indirekt von K abhängig.

Als Ergebnis kann der Planer entnehmen, wann er mit einer Aufgabe beginnen kann, und wann deswegen Rückkopplungen an die Konstruktion frühestens möglich sind.

4.2.2.1 Zusammenhang Konstruktionsergebnisse - Planungsaufgaben

Für eine optimale Abstimmung zwischen Konstruktion und Planung ist ein frühes Einsetzen der Montageplanung unerläßlich. Es muß deswegen geklärt werden, wo der jeweils früheste Zeitpunkt für die sinnvolle Durchführung eines Planungsschrittes liegt.

Der in der Praxis nach wie vor stark verbreitete und zugleich schlechteste Fall einer Abstimmung zwischen Konstruktion und Montageplanung liegt dann vor, wenn der Planer erst dann die Konstruktionsergebnisse erhält, wenn die Konstruktion bereits abgeschlossen wurde. Zu diesem Zeitpunkt sind die Spielräume zur Produktoptimierung klein geworden, da zum einen Änderungen einen größeren Aufwand nach sich ziehen und zum anderen der verbleibende Zeitraum bis zur Realisierung der Montageanlage kurz geworden ist.

Der Planer muß also eher in den Entwicklungsprozeß einbezogen werden. Dies kann durch verschiedene Maßnahmen erzielt werden. Zunächst sollte der Konstrukteur den Planer oder sogar Mitarbeiter aus der Produktion bei kritischen Designentscheidungen zur Beratung heranziehen. Vielfach wird dies heute durch das Zusammenarbeiten in Projekt- beziehungsweise SE-Teams realisiert. Darüber hinaus kann der Konstrukteur aber durch separate Freigabe von Teilergebnissen auch den frühest möglichen Beginn der Planung entsprechend nach vorne verschieben. Die Teilergebnisse

- Strukturstückliste des Produktes,
- Einzelgeometrien (Hüllgeometrien von Einzelteilen, aber auch von Baugruppen) und
- einzelne Zusammenbauzeichnungen oder Explosionszeichnungen

liegen zum Beispiel häufig schon vor dem Abschluß der Konstruktion vor. Je nach Komplexität des Produktes und der Anzahl der Einzelteile und Baugruppen kann sich durch dieses Vorgehen ein erheblicher Zeitvorsprung ergeben. Bei einer frühzeitigen Freigabe von Teilergebnissen ist allerdings immer auch mit einer höheren Änderungswahrscheinlichkeit zu rechnen, deswegen sollte der Konstrukteur Bereiche kennzeichnen, bei denen sicher nichts geändert wird, bzw. noch etwas geändert werden kann. So hat der Planer die Möglichkeit, selektiv vorzugehen.

Zunächst muß geklärt werden, welche Teilergebnisse des Konstrukteurs zur Durchführung welcher Planungsaufgaben notwendig sind. Anhand dieser Zuordnung läßt sich dann der frühest mögliche Anfangszeitpunkt der einzelnen Planungsaufgaben ableiten. Aufgaben, die direkt oder indirekt von den gleichen Zwischenergebnissen abhängen, können zu Aufgabengruppen zusammengefaßt werden.

Es ergeben sich die folgenden fünf Aufgabengruppen (siehe Bild 4-7):

1. Planungsaufgaben, die weitgehend unabhängig von der Konstruktion durchgeführt werden können. Sie benötigen als Eingangsinformation Daten aus den Bereichen Vertrieb, Projektleitung und Produktion (BULLINGER U. A. 1986, S. 59)(DEUTSCHLÄNDER 1989, S. 68), wie zum Beispiel das Lastenheft.

2. Planungsaufgaben, für die die Strukturstückliste eine ausreichende Grundlage liefert.

3. Planungsaufgaben, die bereits auf der Grundlage von Einzelgeometrien, Ergebnisse liefern.

4. Planungsaufgaben, für die unbedingt eine Zusammenbauzeichnung vorliegen muß.

5. Planungsaufgaben, die eine komplette Produktbeschreibung, das heißt Anforderungsliste, Strukturstückliste und alle Zeichnungen, voraussetzen.

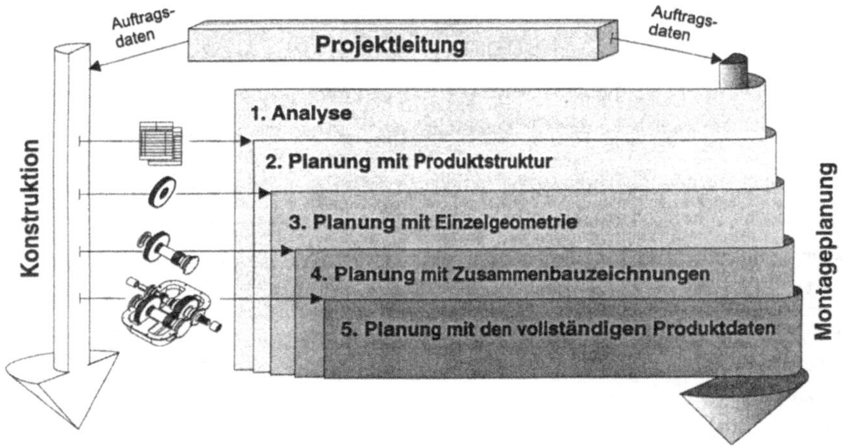

Bild 4-7: Je mehr Konstruktionsergebnisse vorliegen, desto mehr Planungsschichten können bearbeitet werden.

Die Aufgaben der dritten und vierten Aufgabengruppe fallen dabei für jede Einzelgeometrie beziehungsweise Zusammenbauzeichnung immer wieder neu an. Zusätzliche Informationsträger, wie die Anforderungsliste oder die Funktionsstruktur des Produktes, sollten sobald wie möglich an den Planer weitergereicht werden. Sie helfen dem Planer den Aufbau des Produktes zu verstehen, wenn noch keine Geometrien vorliegen.

Eine Montageplanungsaufgabe macht ohne die von ihm benötigte Eingangsinformation keinen Sinn. Daraus ergibt sich ein von außen vorbestimmter, eindeutiger Starttermin. Das Ende einer Aufgabe kann man dagegen, wie schon erwähnt, nicht definieren, da jede Aufgabe für unterschiedliche Bauteile, für unterschiedliche Montagesystemvarianten, für unterschiedliche Produktversionen und auch für unterschiedliche Detaillierungsgrade mehrfach wiederholt werden muß.

Im Laufe einer Produktentwicklung werden daher allmählich immer mehr der fünf Aufgabengruppen bearbeitbar, während andererseits im vorhinein nichts darüber gesagt werden kann, welche Planungsaufgaben wann abgeschlossen sein werden. Das Ende einer Planungsaufgabe läßt sich nur anhand von Erfahrungswerten aus vergleichbaren Projekten prognostizieren.

Jedes zusätzliche Ergebnis aus der Konstruktion ermöglicht die Bearbeitung weiterer Aufgaben und ergänzt damit den Umfang an bearbeitbaren Aufgaben. Zur Veranschaulichung dieses Gedankens werden die Aufgabengruppen in Bild 4-8 als Schichten dargestellt, aus denen sich der Gesamtumfang der Montageplanung zusammensetzt.

Auch wenn Aufgaben schon beim Vorliegen bestimmter Zwischenergebnisse begonnen werden können, heißt dies nicht, daß sie für eine weitere Detaillierung des Modells keine weiteren Zwischenergebnisse benötigen. Zum Beispiel kann aufgrund der Strukturstückliste des Konstrukteurs zwar ein erster Ablaufplan erstellt werden. Trotzdem sind die später eintreffenden Zusammenbauzeichnungen entscheidende Eingangsinformationen für die Optimierung des Ablaufplans. Daraus folgt, daß die übereinanderliegenden Schichten nicht getrennt, sondern miteinander verwoben sind. Ein Arbeitsschritt der zweiten Schicht kann zwar mit der Strukturstückliste begonnen werden, ist aber trotzdem zur weiteren Detaillierung auf die restliche Produktinformation angewiesen.

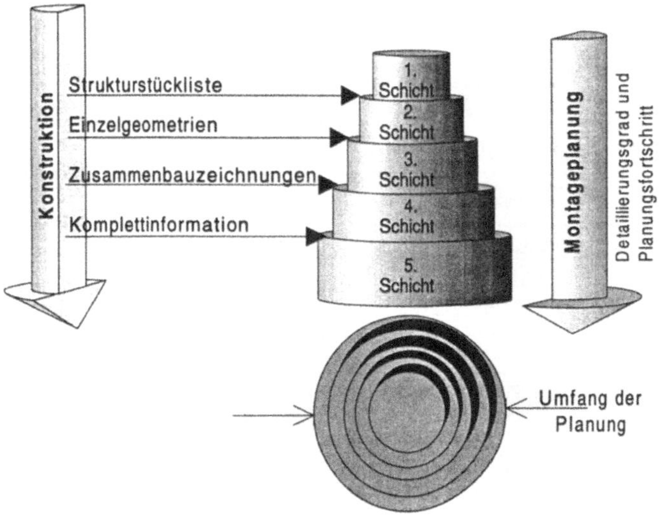

Bild 4-8: Nach dem 5-Schichten-Schema wächst der Planungsumfang entsprechend den vorliegenden Eingangsinformationen.

Zur Detaillierung des 5-Schichten Schemas wurden die aus Kapitel 2.1.3 und 4.2.1.1 bekannten Syntheseaufgaben in Bild 4-9 den fünf Schichten zugeordnet.

4.2.2.2 Rückkopplung Planung - Konstruktion

Die frühzeitige Rückmeldung von Konstruktionsschwächen hinsichtlich der Montage bietet, wie bereits erwähnt, ein großes Potential zur Senkung der Fehlerbehebungskosten und der Produktentwicklungszeit. Aus diesem Grund sollte der Montageplaner die Planungsaufgaben, die eine Rückmeldung zur Folge haben könnten, mit besonderer Priorität bearbeiten. Damit er das kann, muß er wissen, hinsichtlich welcher Aspekte er freigegebene Produktinformation untersuchen sollte.

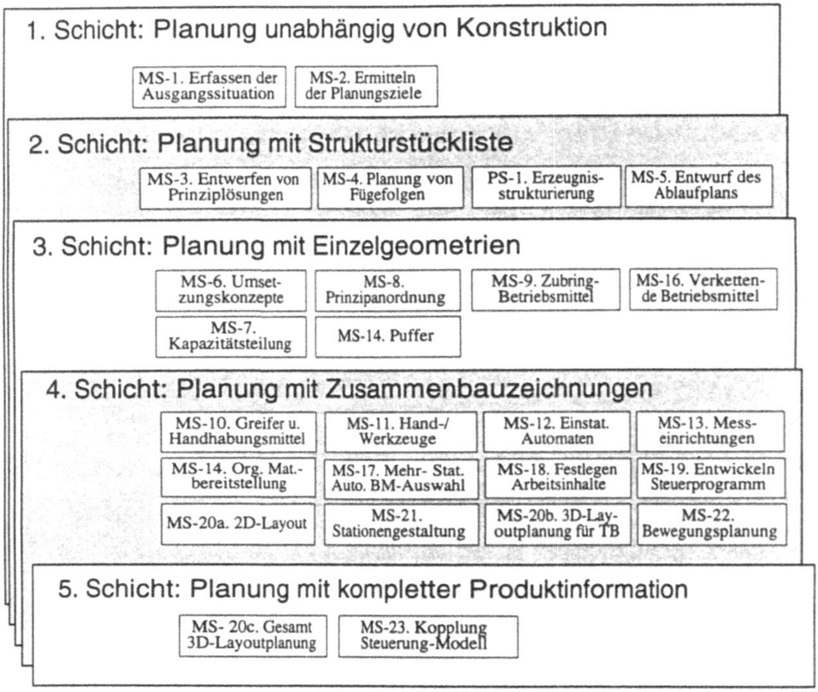

Bild 4-9: Die in den Planungsschichten möglichen Syntheseaufgaben

Neben den Regeln zur montagegerechten Konstruktion (EHRLENSPIEL ET AL. 1988, S. 31) gibt es noch weitere Analysen, die häufig dem Planungsbereich zugerechnet werden, aber besser noch direkt vom Konstrukteur ausgeführt werden sollten. Dies sind alle Analysen, die sich ausschließlich auf die Produktinformation stützen. Sie wurden bereits in Kapitel 2.1.3 vorgestellt. Zum Beispiel sollte ein Konstrukteur überprüfen, ob die von ihm konstruierten Bauteile zu den üblichen Standardbetriebsmitteln passen. Außerdem kann anhand von Fügekraftanalysen ermittelt werden, ob mit Standardbetriebsmitteln gefügt werden kann. Obwohl ein erfahrener Konstrukteur diese Aspekte in vielen Fällen berücksichtigen wird, ist es trotzdem Aufgabe des Planers, diese Problemzonen so frühzeitig wie möglich zu überprüfen.

Die in Kapitel 2.1.3 aufgeführte Sammlung von möglichen Analyseschritten soll dem Planer als Checkliste für die Untersuchung der Konstruktionsergebnisse aus Sicht der Planung dienen. Auch hier wird eine Einordnung der Analyseschritte in die fünfschichtige Vorgehensweise vorgenommen, wobei diese Analysen nur in den Schichten 2 bis 4 zu finden sind. Für den Planungsablauf heißt dies, daß die Analysen zum Teil schon ab dem Eintreffen der Strukturstückliste angestellt werden können. Es heißt aber nicht, daß die Analysen eingestellt werden sollten, wenn die fünfte Schicht beginnt. Zum Beispiel bedeutet die Analyse „Abgleich mit BM-Geometrien" in der dritten Schicht, daß bei Vorliegen einer Einzelgeometrie untersucht werden sollte, ob sie zu den Maßen des entsprechenden Werkstückträgers paßt. Diese Analyse sollte aber für alle neuen oder veränderten Einzelgeometrien und Zusammenbauzeichnungen wiederholt werden. Auch wenn erstmalig die gesamte Produktinformation vorliegt (Beginn von Schicht 5), wird die Analyse erneut angestellt werden, wenn es zu einer Produktänderung kommt.

Die Zuordnung der Analyseschritte zu den Schichten (Siehe Bild 4-10) ist hier ohne weiteres möglich, da sie sich direkt auf die Produktinformation beziehen, die der Montageplanung zu diskreten Zeitpunkten übermittelt wird und dann von Montageplanungsseite in der Regel nicht mehr geändert wird. Die in Kapitel 4.2.1.2 behandelten Analysen beziehen sich dagegen auf Prozeß- und Betriebsmittelinformation, die über einen längeren Zeitraum hinweg durch unterschiedliche Syntheseaufgaben ständig verändert wird. Jene Analysen lassen sich deswegen nicht den Schichten sondern nur spezifischen Syntheseaufgaben zuordnen.

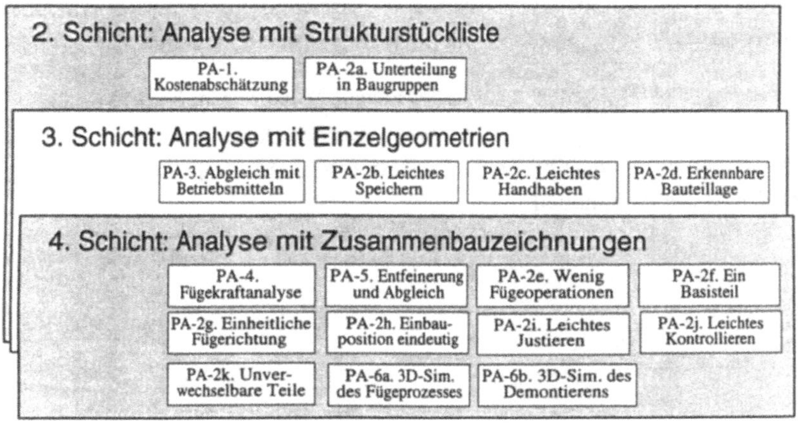

Bild 4-10: Zuordnung der Analysen der Produktinformation zum 5-Schichten-Vorgehen

Jede der Analysen kann als Ergebnis eine Änderung des Produktes nötig machen. Da es in der Regel alleine dem Konstrukteur vorbehalten ist, diese Änderungen durchzuführen, wird der Planer das in der Analyse erkannte Problem und etwaige Lösungsvorschläge dem Konstrukteur mitteilen.

Diese Rückmeldungen, die gegebenenfalls den Anstoß für eine Änderung des Produktes geben, sollten die zu ändernden Merkmale, die Änderungsursache und, wenn möglich, die durch die Änderung einzusparenden Kosten beinhalten, so daß der Konstrukteur den Änderungsaufwand gegen die maximal mögliche Einsparung abwägen kann.

Als Alternative zu den Rückmeldungen kann der Syntheseschritt PS-2 dienen. Hier nutzt der Planer vom Konstrukteur gegebene Gestaltungsfreiräume am Produkt, um die Produktgestalt seinen Anforderungen anzupassen.

4.2.2.3 Zusammenhang Planungsstufen - Planungsergebnisse

In Kapitel 4.2.1.3 wurde das Konzept der kontinuierlichen Synthese des Anlagenmodells vorgestellt. In den Kapiteln 4.2.2.1 und 4.2.2.2 wurde ein Schema für den zeitlichen Ablauf dieser Modellsynthese speziell für das auf die Konstruktion abgestimmte Vorgehen präsentiert. Diese beiden Gedanken werden hier zusammengefaßt, um deutlich zu machen, in welchen Planungsschichten welche Inhalte des Modells synthetisiert werden.

Ein Anlagenmodell setzt sich aus Informationen über Produkt, Betriebsmittel und Prozeß zusammen. Während der Konstrukteur sich der Detaillierung des Produktes widmet, ergänzt der Montageplaner nach und nach Betriebsmittel- und Prozeßinformation rund um das Produktmodell.

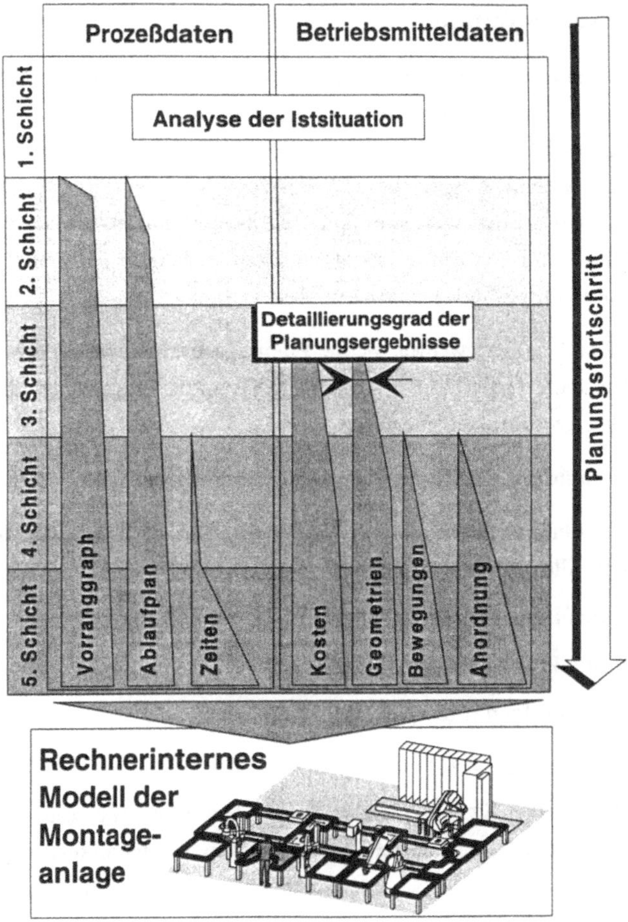

Bild 4-11: Kontinuierliche Vervollständigung des Anlagenmodells

Bild 4-11 zeigt qualitativ, wie während des Vorgangs der Montageplanung die einzelnen Informationsarten kontinuierlich vervollständigt werden. Im Rahmen der in Bild 4-7 gezeigten Schichten wird sukzessive immer mehr und immer detailliertere Information angehäuft.

4.3 Anpassungsplanung

Für den Fall, daß eine bestehende Anlage für einen neuen Auftrag umgerüstet werden soll, fällt ein Teil des Planungsumfanges weg. Die Frage nach den entfallenden Planungsschritten muß für jeden Auftrag individuell beantwortet werden. Entscheidend ist dabei die Frage, welche Ausprägung der *Systemänderungsflexibilität* (TEMPELMEIER & KUHN 1992, S.19) genutzt werden muß, um die bestehende Anlage auf das neue Produkt beziehungsweise den neuen Auftrag umzurüsten. Je mehr Flexibilität erforderlich ist, desto mehr Planungsaufwand muß betrieben werden.

Im folgenden soll geklärt werden, welche Planungsaufgaben bei der Anpassungsplanung in jedem Fall, und welche in Abhängigkeit von der Ausnutzung der Flexibilität der Anlage durchgeführt werden müssen.

In jedem Fall sollten alle folgenden Aufgaben bearbeitet werden:

- Ermitteln der Planungsdaten (MS-1). Besonderes Gewicht liegt dabei auf dem Spezifizieren der Flexibilität der Anlage.
- Ermitteln der Planungsziele (MS-2)
- Entwerfen von Prinziplösungen (MS-3)
- Planen der Fügefolgen (MS-4)
- Entwurf des Ablaufplans (MS-5)
- Umsetzungskonzept für Teilbereiche (MS-6). Bei einer Anpassungsplanung muß hier zunächst geklärt werden, welchen Umfang der Anpassungsumbau haben soll - beziehungsweise welche Flexibilitätsausprägung der Anlage für den Anpassungsumbau genutzt werden soll.
- Kapazitätsteilung (MS-7)
- Organisation des Materialflusses (MS-14)
- 3D-Layoutplanung (MS-20c). (Bemerkung: Dieser Schritt ist nur nötig, wenn zur Fehlerfrüherkennung, ein komplettes rechnerinternes Modell angestrebt wird.)
- Alle die Syntheseschritte begleitenden Analysen (MA)
- Alle Analysen des Produktes (PA) und die eventuell daraus resultierende Modifizierung des Produktes im Rahmen der Freiräume (PS-2)

Eine Anlage kann verschiedene Ausprägungen der Systemänderungsflexibilität aufweisen, die einerseits nicht in jedem Fall ausreichen, um eine Anpassung durchzuführen, die andererseits aber nicht bei jedem Umrüsten alle genutzt werden müssen. Im jeweiligen Einzelfall muß immer neu entschieden werden, ob die gesamte Flexibilität der Anlage ausreicht, um sie für einen neuen Auftrag wirtschaftlich einzusetzen. Zur Klärung der Wirtschaftlichkeit muß ermittelt werden, unter Ausnutzung welcher Flexibilitätsausprägung das Ziel erreicht werden kann.

Deswegen werden im folgenden zunächst verschiedene Flexibilitätsausprägungen festgelegt, um dann deutlich zu machen, welchen Planungsaufwand es nach sich zieht, wenn sie für ein Umrüsten genutzt werden:

a) Flexibilität durch manuelle Arbeitsplätze.

b) Flexibilität durch Programmierbarkeit der Bewegungsbahnen (NC-Programmierung).

c) Flexibilität durch Programmierbarkeit der Koordinierungsssteuerung (Kurvensteuerung, Speicherprogrammierbare Steuerungen, etc.)

d) Flexibilität durch systematischen Einsatz von leicht austauschbaren produktspezifischen Schnittstellenkomponenten (z.B. Greifer, Werkstückträger) zwischen dem Produkt und den in der Anschaffung teuren produktneutralen Komponenten (siehe SCHUSTER 1992).

e) Flexibilität durch modularen Aufbau der Anlage, so daß einzelne Stationen ausgetauscht werden können.

Bei einer Anpassung der Anlage an ein neues Produkt können ein oder mehrere dieser Flexibilitätsausprägungen der Anlage genutzt werden.

Bild 4-12 zeigt, welche Planungsaufgaben jeweils durchgeführt werden sollten. Der Planungsaufwand in den Schichten 1, 2 und 5 bleibt in jedem Fall unverändert. Die nun folgenden Beispiele dienen der Verdeutlichung des Bildinhalts.

In der 3. Schicht sollten zum Beispiel die Aufgaben MS-6 und MS-7 unabhängig vom Grad des Umbaus Teil der Planung sein. Werden nur produktspezifische Komponenten an den Schnittstellen (Flexibilitätsausprägung d) ausgetauscht, sind für die betroffenen Anlagenstationen die Aufgaben MS-9, 15 und 17 nötig. Wenn die Untersuchung der einzelnen Stationen (MS-6) ergibt, daß allein durch Umprogrammieren (Flexibilitätsausprägung b,c) oder durch Umlernen des Monteurs (Flexibilitätsausprägung a) auf das neue Produkt umgerüstet werden kann, fallen in der 3. Schicht neben MS-6 und 7 keine zusätzlichen Aufgaben an.

Schicht	Aufgaben	a	b	c	d	e
1.Schicht	MS-1,2					
2.Schicht	MS-3,4,5 und PS-1					
3.Schicht	MS-6,7				9,15,17	8,9,15,17
4.Schicht	MS-13, 14	11,18,21, 20b,22,5	22	19	10,12,21	10,12,16, 20b,21
5.Schicht	MS-20c, 23					

Ausprägungen der Systemänderungsflexibilität:

a) Manueller Arbeitsplatz
b) Umprogrammierbare Bahnen
c) Umprogrammierbare Koordinationssteuerung
d) Auswechselbare produktspezifische Schnittstellen
e) Modularer Aufbau der Anlage

Bild 4-12: Bei Anpassungsplanungen muß je nach Ausnutzung der Systemänderungsflexibilität nur ein Teil der Aufgaben aus den Schichten 3 und 4 durchgeführt werden.

In der 4. Schicht wird es in der Regel nötig, die durch die Änderung betroffenen Meßeinrichtungen (MS-13) anzupassen und die starren Einstationen-Automaten (MS-14) zu ersetzen, da diese meist sehr produktspezifisch sind. Handelt es sich um eine manuelle oder eine hybride Anlage (Flexibilitätsausprägung a), ist es zum Beispiel nötig, die Arbeitsinhalte (MS-18) neu festzulegen, Handwerkzeuge auszuwählen (MS-11), den Arbeitsplatz zu gestalten (MS-21) und die entsprechenden Vorgabezeiten (Bahnplanung MS-22 begleitet durch die Vorgabezeitermittlung MA-2 aus Bild 4-4) zu ermitteln. Die Vorgabezeiten fließen in den neu zu erstellenden Arbeitsplan ein, der aus dem Ablaufplan hervorgeht (MS-5).

Der Übergang zwischen der Nutzung einer bestehenden Anlage und dem Aufbau einer neuen Anlage, für die Teile der alten Anlage wiederverwendet werden, ist fließend. Aus diesem Grund kann die hier getroffene Einteilung der Aufgaben nur als Orientierung dienen.

4.4 Vom Baukasten zum problemspezifischen Vorgehensplan

An dieser Stelle soll zunächst festgelegt werden, wie sich der die Planungsaufgaben enthaltende Baukasten zusammensetzt. Darauf aufbauend wird als Grundlage für die Anwendung des Baukastens eine „Bauanleitung“ entwickelt, mit der ein Planer sich einen problemspezifischen Vorgehensplan zusammenstellen kann.

4.4.1 Baukasten für die Entwicklung von Vorgehensplänen

Der Baukasten besteht aus zwei Setzkästen, die auch in Bild 4-13 gezeigt werden:

BKM: Dieser Setzkasten enthält alle Planungsaufgaben zur Synthese und Analyse des Montageanlagenmodells und den Schritt PS-1 zur „Erzeugnisstrukturierung“. Die Verteilung der Syntheseaufgaben auf die Fächer des Setzkastens wurde bereits detailliert in Bild 4-12 dargestellt. Die den Synthesen zuzuordnenden Analyseaufgaben können Bild 4-4 entnommen werden.

BKP: Der Setzkasten BKP enthält alle Schritte zur Analyse des Produktmodells und den Schritt PS-2 zur „Detaillierung von Gestaltungsfreiräumen“. Nach jedem Analyseschritt kann optional Schritt PS-2 durchgeführt werden, falls in der Analyse ein Produktfehler erkannt wurde und sich der Fehler im Rahmen der Freiräume beheben läßt. Die Einzelheiten des BKP kann man Bild 4-10 entnehmen.

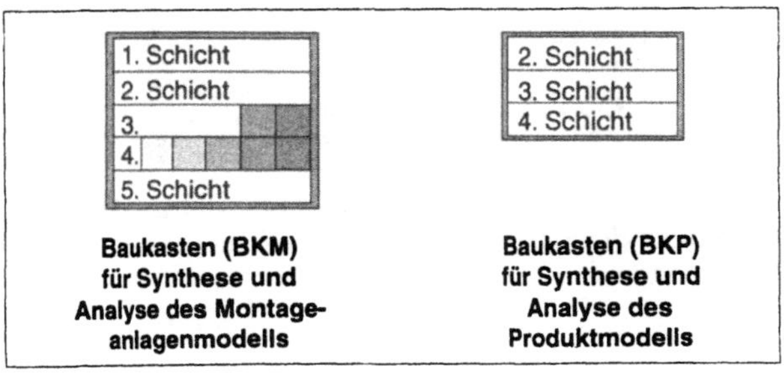

Bild 4-13: Der Baukasten zur Entwicklung von Vorgehensplänen besteht aus den zwei Setzkästen: BKM und BKP.

4.4.2 Bauanleitung

In diesem Kapitel wird beschrieben, wie der Planer im ganz konkreten Planungsfall den Baukasten zur Entwicklung einer problemspezifischen Vorgehensweise einsetzt.

Der Anwendungsfall ist gekennzeichnet durch die jeweils vorliegende Eingangsinformation, durch ihren Freigabestatus und durch den Umfang der nötigen Umbauten an einer bestehenden Altanlage.

In Bild 4-14 wird der Zusammenhang zwischen Eingangsinformation und den Fächern der Setzkästen dargestellt. Man kann dem Bild zum Beispiel entnehmen, daß der Planer, wenn eine Einzelgeometrie vorliegt, zunächst die Planungsaufgaben aus dem Fach „3.Schicht" des 3-fächrigen BKP und dann die Planungsaufgaben aus dem Fach „3. Schicht" des 5-fächrigen BKM bearbeiten sollte. Die Aufgaben aus den Fächern „1.Schicht" und „2.Schicht" des BKM werden wieder aufgegriffen, falls entsprechende Änderungen oder Ergänzungen nötig sind.

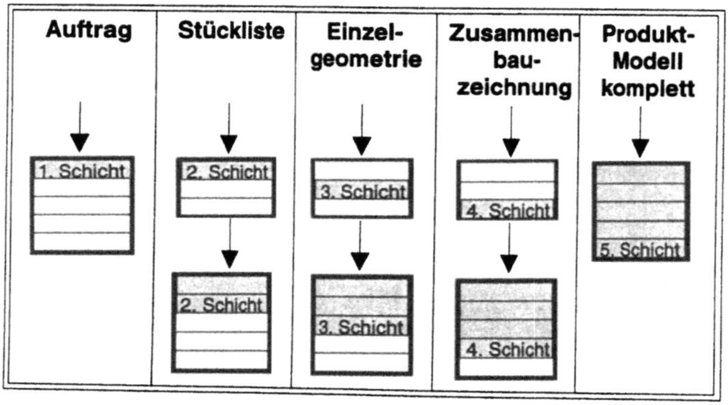

Bild 4-14: Wenn eine bestimmte Eingangsinformation (Auftrag, Stückliste, etc.) vorliegt, können die Planungsschritte aus den jeweils markierten Fächern bearbeitet werden.

Für jede eingetroffene Eingangsinformation kann auf diese Weise ein eigener Teil-Planungsablauf festgelegt werden. Für jede Schicht ergeben sich andere Teil-Planungsabläufe. Bild 4-15 zeigt, wie für die Bearbeitung einer bestimmten Eingangsinformation mittels der Setzkästen ein Teil-Planungsablauf zusammengestellt wird. Die Aufgaben aus dem BKP haben dabei keine spezielle Reihenfolge, während die Aufgaben aus dem BKM gemäß Bild 4-3 angeordnet werden.

Der Freigabestatus einer Eingangsinformation beschreibt die Wahrscheinlichkeit, daß eine Information während der Produktentwicklung noch wesentlich geändert wird. Hier wird nur zwischen zwei Stati unterschieden:

- Information wird möglicherweise noch geändert.
- Information wird wahrscheinlich nicht mehr geändert.

Ist eine Änderung eher wahrscheinlich, sollte der Planer nur die Analyseaufgaben aus dem BKP durchführen. Erscheint es gesichert, daß Produktinformation im wesentlichen konstant bleiben wird, kann mit der Synthese des Montageanlagenmodells begonnen werden. Dazu werden die Aufgaben aus dem BKM bearbeitet.

Aus den Fächern „3. Schicht“ und „4. Schicht“ des BKM werden jeweils nur so viele Planungsschritte nötig, wie sie der Grad des Umbaus erforderlich macht. Dazu sind diese Fächer noch feiner untergliedert (Siehe Bild 4-12).

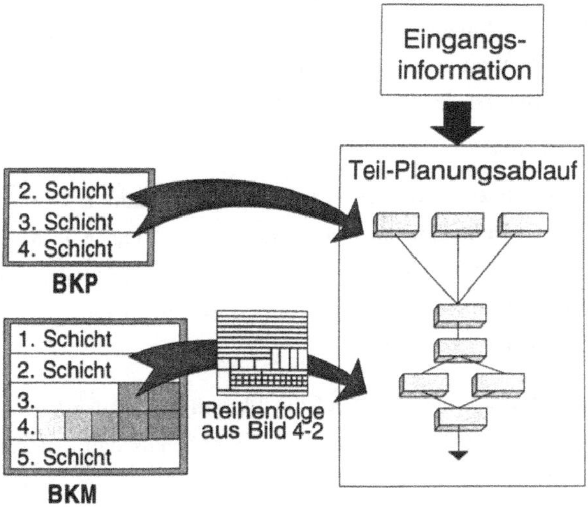

Bild 4-15: Für die Bearbeitung einer Eingangsinformation kann mittels des Baukastens ein Teil-Planungsablauf zusammengestellt werden.

Die Aufeinanderfolge der Teil-Planungsabläufe ergibt sich aus dem Eintreffen der Eingangsinformationen. Die Termine des Eintreffens sollten für die transparente Gestaltung des Planungsablaufs in einem Projektplan festgelegt sein.

4.5 Aus der Planungsmethode resultierende Meilensteine, Gateways und Arbeitspakete

Im Rahmen der Projektplanung müssen für die Terminierung der Planungsaktivitäten *Meilensteine, Gateways* und *Arbeitspakete* festgelegt werden können. Ein Meilenstein markiert den Zeitpunkt, an dem ein wichtiges Ergebnis vorliegen muß. Ist die Durchführung von Arbeitspaketen von dem Ergebnis abhängig, wird der Meilenstein als *Gateway* bezeichnet. Meilensteine und Gateways werden bei der Projektsteuerung zur Kontrolle des Projektfortschritts genutzt.

Die Gateways zum Einstieg in die Montageplanung sind die Konstruktionsergebnisse: Strukturstückliste, Einzelgeometrien und Zusammenbauzeichnungen. An das Durchschreiten eines Gateways schließt sich immer die Bearbeitung eines entsprechenden Teil-Planungsablaufs an. Die Teil-Planungsabläufe sind die Arbeitspakete des Planers. Das Ende eines Teil-Planungsablaufes ist dadurch gekennzeichnet, daß ohne weitere Eingangsinformation nicht mehr weitergearbeitet werden kann. Das Endergebnis eines Teil-Planungsablaufes ist damit ein Meilenstein, da direkt keine weiteren Arbeitspakete folgen.

Auch die Endergebnisse der Syntheseschritte des Anlagenmodells, die sich aus den Ergebnissen der Teil-Planungsabläufe zusammensetzen, können als Meilensteine dienen. Gateways sind es nicht, da in den meisten Fällen die folgenden Syntheseschritte bereits in Teilbereichen begonnen werden können, bevor ein vorangegangener Syntheseschritt komplett bearbeitet wurde.

Die Ansiedlung der Gateways zu der auf die Planung folgenden Realisierung ist abhängig von Zeitdruck, Kostenauswirkung und Risikobereitschaft. Je mehr Planungsergebnisse vorliegen, desto besser ist der eingeschlagene Weg abgesichert.

4.6 Zusammenfassung

Dieses Kapitel liefert das Konzept zur Herleitung von Vorgehensplänen die für eine integrierte, modellbasierte Montageplanung geeignet sind.

Die Planung wird dabei als ein Syntheseprozeß verstanden, bei dem sukzessive ein rechnerinternes Modell der angestrebten Montageanlage aufgebaut wird. Begleitend dazu müssen Analysen durchgeführt werden, die die Qualität des Modells überwachen (vgl. Bild 4-16). Die Abstimmung mit der Konstruktion wird dadurch verbessert, daß der Planer nicht erst auf das Endergebnis der Konstruktion aufbaut, sondern seine Planung bereits beim Vorliegen von Zwischenergebnissen beginnt. Dazu werden die entsprechenden Konstruktionszwischenergebnisse identifiziert, und die durch sie jeweils möglichen Montageplanungsschritte zu Teil-Planungsabläufen zusammengestellt.

Der Vorteil dieses Konzeptes liegt in der größeren Transparenz des Planungsprozesses. Dem Planer wird ein Leitfaden zur Hand gegeben, mit dem er systematisch die Potentiale eines auf die Konstruktion abgestimmten Vorgehens ausschöpfen kann. Die Planung kann früher abgeschlossen und die Qualität des Planungsergebnisses gesteigert werden.

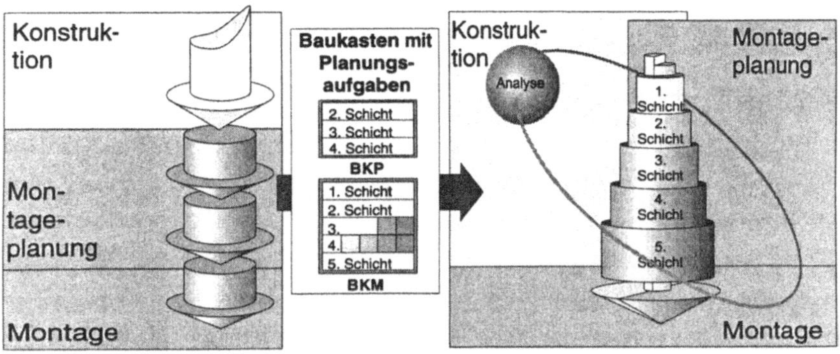

Bild 4-16: Während man bei der konventionellen Vorgehensweise oft die sequentielle Aufeinanderfolge von Konstruktion und Planung findet, erlaubt die hier entwickelte Methode das abgestimmte, parallele Vorgehen von Konstrukteur und Planer, das von Analysen begleitet wird.

Die aus den hier durchgeführten Überlegungen resultierenden Anforderungen an eine Rechnerunterstützung werden im nun folgenden Kapitel 5 aufgegriffen und in das Konzept für ein der Rechnerunterstützung zugrundeliegendes Klassenschema einbezogen.

5 Konzeption eines Datenschemas für Montageanlagen

In diesem Kapitel wird ein Datenschema entwickelt, das den Anforderungen einer durchgängigen rechnergestützten Planung gerecht werden soll. Damit wird die Grundlage für die Entwicklung eines die Planung unterstützenden Rechnerprogrammes gelegt.

Dazu werden in Abschnitt 5.1 zunächst die im Rahmen der Planungsmethode erwähnten Anforderungen formuliert. In Abschnitt 5.2 werden daraufhin die graphische Notationen für Datenschema und Datenmodelle vorgestellt, die im Verlauf dieses Kapitels für erklärende Graphiken genutzt werden sollen.

In den anschließenden Abschnitten 5.3 bis 5.5 wird deutlich gemacht, auf welche Weise den vom Stand der Technik noch nicht abgedeckten Anforderungen begegnet werden kann. Dabei nimmt der Entwurf des objektorientierten Prozeßdatenschemas einen besonderen Platz ein.

Zum Abschluß werden in Abschnitt 5.6 die wesentlichen Aspekte des neuen Datenschemas zusammengefaßt.

5.1 Anforderungen

Die Auseinandersetzung mit der Methode zur Montageplanung hat in verschiedenen Abschnitten des vorangegangenen Kapitels zur Aufstellung von Anforderungen an das Datenschema zur Rechnerunterstützung geführt. Als Ausgangspunkt für die Neuentwicklung des Datenschemas werden diese im folgenden zusammengestellt.

Anforderungen an das Datenschema hinsichtlich Produkt und Betriebsmittel:

Das Datenschema muß die Grundlage zur Modellierung von komplexen Produkten und Betriebsmitteln und deren Verwaltung bieten. Das bedeutet, daß alle Daten zur Beschreibung von Produkt und Betriebsmittel und zur Dokumentation der Historie der Produktentwicklung berücksichtigt werden müssen. Beispielsweise müssen einerseits Geometrie, Kinematik, Aufbaustruktur und Kosteninformation gespeichert werden, andererseits ist aber auch die Haltung von Produktversionen und Varianten notwendig.

Anforderungen an das Datenschema hinsichtlich Prozeßbeschreibungen:

Im Mittelpunkt steht die Forderung nach der Verwendung eines einheitlichen, redundanzfreien *Prozeßmodells* während der gesamten Planung, bis hin zum Betrieb der Montageanlage. Nur dadurch ist es möglich die Steuerung direkt aus dem Ablaufplan abzuleiten, und ferner die gleiche Steuerung für Modell und reale Anlage zu verwenden. Die im Prozeßmodell unterzubringende Information ist damit die Vereinigungsmenge der Daten aus Ablaufplan und Steuerung.

Anforderungen an das Datenschema hinsichtlich der Verknüpfung Produkt-/ Betriebsmittel- und Prozeßbeschreibung:

Ein wichtiges Planungsergebnis, das auf Basis des Datenschemas modelliert werden muß, ist der für die manuelle Montage nötige Arbeitsplan. Sein Inhalt muß sich aus dem Prozeßmodell ableiten lassen, wenn Redundanz vermieden werden soll. Der Arbeitsplan trägt Angaben über das Produkt und enthält für jeden Montagevorgang die Vorgangsart, beteiligte Betriebsmittel, Werker und die Sollzeit. Verknüpfungen vom Ablaufplan zum Produkt, und von den einzelnen Montagevorgängen zu Betriebsmitteln und Werkern sind deswegen unabdingbar.

Für die Nutzung des Prozeßmodells als Grundlage für die 3D-Simulation ist es ferner notwendig, für jeden Arbeitsschritt pro Objekt (Betriebsmittel, Werkstück und auch Werker) die Ausgangsposition und die Bewegungsbahn abzuspeichern.

Die Steuerung erfordert eine klare Zuordnung von den Prozeßschritten zu den die Prozeßschritte ausführenden Betriebsmitteln, damit sie die Steuerbefehle an die Betriebsmittel adressieren kann.

5.2 Notation für Datenschema und Datenmodell

Ein Datenschema wird in einer formalen Sprache formuliert. Es bieten sich dazu zunächst entsprechende Sprachen aus dem Bereich der Mathematik und Aussagenlogik an (CUTLAND 1980, S. 1-5). Auch Programmiersprachen, wie zum Beispiel C++ oder Smalltalk, sind in der Lage, komplexe Datenstrukturen abzubilden. Es gibt sogar eigens für die Datendeklaration geschaffene Sprachen, wie IDL oder EXPRESS (ISO

10303 1994). Eine textuelle Darstellung ist jedoch zur Erläuterung eines Datenschemas nicht so gut geeignet, wie eine graphische Darstellung.

Aus diesem Grund wird hier einer graphischen Notation in Form der in Kapitel 2.2.1 erläuterten Datenstrukturdiagramme der Vorzug gegeben. Diese sind in der Regel übersichtlicher und leichter verständlich als textuelle Beschreibungen. Auch für Datenstrukturdiagramme gibt es in der Literatur etliche Symbol-Notationen. Ausgehend vom Entity-Relationsship-Model von CHEN (1976), das auf die Beschreibung von relationalen Datenstrukturen zugeschnitten worden ist, wurden entsprechend den erweiterten Anforderungen der objektorientierten Denkweise zahlreiche Ansätze (SHLAER/MELLOR 1988, COAD & YOURDON 1991, MARTIN & O'DELL 1992, BOOCH 1991, RUMBAUGH 1991) entwickelt.

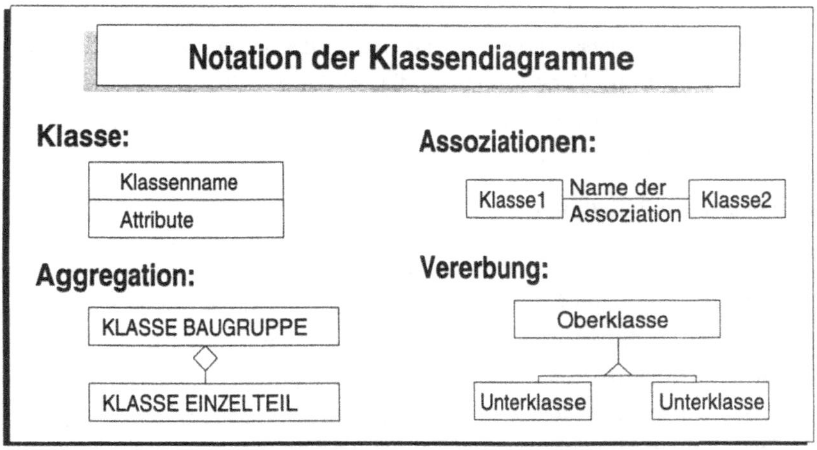

Bild 5-1: Symbole für Klassendiagramme nach RUMBAUGH (1991)

In dieser Arbeit wird für das Datenschema die Notation von RUMBAUGHS (1991, S. 29) *Klassendiagramm* verwendet. Rumbaugh folgt dem objektorientierten Paradigma. In Bild 5-1 werden die symbolischen Sprachelemente für die Fachbegriffe *Klasse, Assoziation, Aggregation* und den *Vererbungsmechanismus* vorgestellt.

Für ein intensiveres Studium der objektorientierten Denkweise und der entsprechenden Fachbegriffe bieten sich die bereits genannten Abhandlungen von SHLAER & MELLOR (1988), COAD (1991), COAD & YOURDON (1991), MARTIN & O'DELL (1992), BOOCH (1991) und RUMBAUGH (1991) an. Für die wichtigsten hier verwendeten Fachbegriffe und ihre symbolische Darstellung folgt eine kurze Erläuterung:

Klasse und Instanz:

Ein besonderes Merkmal der objektorientierten Denkweise sind die komplexen Datentypen. Ein komplexer Datentyp wird durch die Formulierung einer *Klasse* deklariert. Daten eines komplexen Datentyps nennt man *Instanzen*. Eine *Klasse* (siehe RUMBAUGH 1991, S. 28) legt fest, welche Attribute und welches Verhaltensmuster die der Klasse angehörenden Instanzen aufweisen dürfen (vgl. Bild 5-2). Eine Klasse wird nach der Notation des Klassendiagramms von Rumbaugh durch ein Rechteck dargestellt. Das Rechteck ist hier zweigeteilt. In der oberen Hälfte wird der Klassenname genannt und in der unteren werden die Attribute deklariert. Auf die Verhaltensmuster, die bei Rumbaugh in einem dritten Rechteckabschnitt vermerkt werden, wird in dieser Arbeit nicht näher eingegangen, da dies den gegebenen Rahmen sprengen würde.

Assoziation und Verknüpfung:

Klassen können über *Assoziationen* (siehe RUMBAUGH 1991, S. 34) miteinander verbunden sein. Zum Beispiel bedeutet es, wenn die *Klasse* „Robotergreifer" mit der *Klasse* „Roboterarm" über die *Assoziation* „steht im physikalischen Kontakt mit" verbunden ist, daß Robotergreifer grundsätzlich physikalischen Kontakt zu Roboterarmen haben können. Im Gegensatz dazu hat man in einem Datenmodell einen konkreten Greifer X, der zu einem konkreten Roboterarm Y in Kontakt steht. Man spricht dann von der *Instanz* X, die mit der *Instanz* Y über die *Verknüpfung* „steht im physikalischen Kontakt mit" verbunden ist. Bild 5-2 stellt zum besseren Verständnis die Begriffspaare gegenüber. Assoziationen werden im Klassendiagramm durch Verbindungsstriche von Klasse zu Klasse dargestellt und mit einer textuellen Beschreibung in Anführungsstrichen versehen.

Datenschema	Datenmodell
Klassendiagramme stellen Datenschemata graphisch dar.	Instanzendiagramme stellen Datenmodelle graphisch dar.
Ein Datenschema deklariert Klassen, Assoziationen und Aggregationen.	Datenmodelle setzen sich aus Instanzen, Verknüpfungen und Aggregationsverknüpfungen zusammen.
Klassen werden über Assoziationen verbunden.	Instanzen werden über Verknüpfungen verbunden.
Aggregationen sind eine Sonderform von Assoziationen.	Aggregationsverknüpfungen sind die entsprechende Sonderform der Verknüpfungen.

Bild 5-2: Abgrenzung der Begriffe aus Datenschema und Datenmodell

Aggregationen und Aggregationsverknüpfung:

Aggregationen (siehe RUMBAUGH 1991, S. 46) sind eine besondere Form von Assoziationen. Eine Aggregation bezeichnet die „ist Teil von"-Assoziation. Objekte, die die Komponenten einer Sache X repräsentieren, sind dabei mit dem Objekt verknüpft, das die Sache X selbst repräsentiert. Die im Datenmodell auf Basis von Aggregationen im Datenschema gebildeten Verknüpfungen werden hier als *Aggregationsverknüpfung* bezeichnet (vgl. Bild 5-2). Eine Aggregation wird im Klassendiagramm durch eine Raute gekennzeichnet.

Vererbungsmechanismus:

Der *Vererbungsmechanismus* (siehe auch RUMBAUGH 1991, S. 48) ist eine treffende Ausdrucksform, um Ähnlichkeiten und Unterschiede zwischen verschiedenen Klassen zu beschreiben. Alle gemeinsamen Attribute von zwei Klassen werden dazu aus den Klassen entfernt und in eine sogenannte *Oberklasse* eingebracht. Von der Oberklasse erben dann die beiden ursprünglichen Klassen (sogenannte *Unterklassen*) die gemeinsamen Attribute. Die unterschiedlichen Attribute dagegen verbleiben in den Unterklassen. Die Verbindung von Oberklasse zu Unterklasse wird im Klassendiagramm durch ein Dreieck gekennzeichnet. Zum Vererbungsmechanismus im Klassendiagramm gibt es keine äquivalente Darstellung im Instanzendiagramm. Eine Instanz einer Unterklasse beinhaltet Attribute und Verhaltensmuster ihrer Oberklassen. Dies wird allerdings in keinem Instanzendiagramm explizit dargestellt.

Neben der graphischen Darstellung des *Datenschemas* durch ein *Klassendiagramm* benötigt man zur Veranschaulichung der *Datenmodelle* jeweils *Instanzendiagramme* (vgl. Kapitel 2.2.1 und vgl. Bild 5-2). Zu diesem Zweck wurde auch hier eine von Rumbaugh vorgeschlagene Notation verwendet, die aber zur besseren Verständlichkeit geringfügig ergänzt wurde. Sie besteht aus den drei Elementen *Instanz*, *Verknüpfung* und *Aggregationsverknüpfung* (vgl. Bild 5-3).

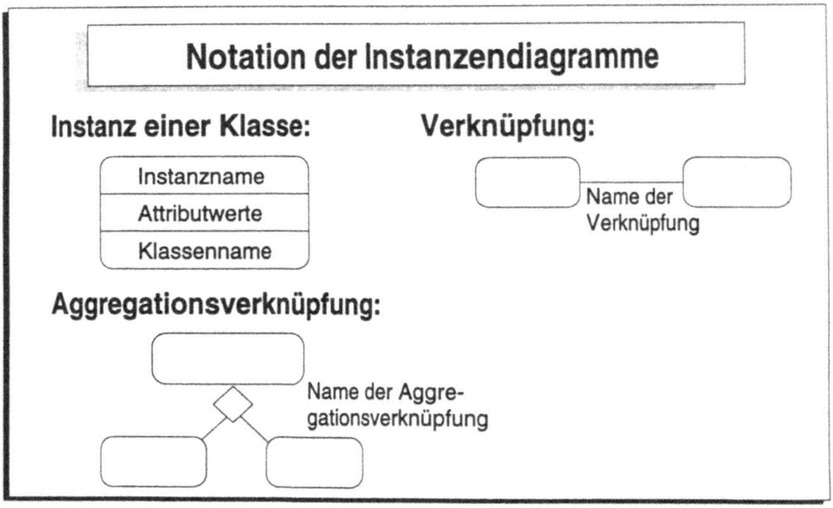

Bild 5-3: Symbole für Instanzendiagramme nach R*UMBAUGH (1991)*

Instanz:

Instanzen (siehe RUMBAUGH 1991, S. 27/28) werden immer durch abgerundete Rechtecke abgebildet, egal aus welcher Klasse des Datenschemas sie stammen. Die Rechtecke werden durch zwei waagerechte Striche untergliedert. Unter dem unteren Strich wird der Name der Herkunftsklasse genannt. Über dem oberen wird gegebenenfalls die Bezeichnung (Identität) der Instanz aufgeführt. Zwischen den beiden Strichen werden zur Erklärung relevante Attributwerte spezifiziert.

Verknüpfungen:

Verknüpfungen (siehe RUMBAUGH 1991, S. 34) werden durch durchgezogene Linien zwischen Instanzen gekennzeichnet. Verknüpfungen können nur zwischen Instanzen auftreten, deren Klassen im Datenschema durch Assoziationen verknüpft sind. Im Zweifelsfall wird eine Verknüpfung mit dem Namen der Herkunftsassoziation gekennzeichnet.

Aggregationsverknüpfungen:

Aggregationsverknüpfungen können nur zwischen Instanzen auftreten, deren Klassen im Datenschema durch eine Aggregation verbunden sind. Aggregationsverknüpfungen werden im Instanzendiagramm genauso wie Aggregationen im Klassendiagramm durch eine Raute gekennzeichnet.

Nur im Falle der Prozeßbeschreibung wird in dieser Arbeit von diesen Regeln zur besseren Verständlichkeit eine Ausnahme gemacht, da die im folgenden eingeführte Prozeßbeschreibung in vielen Punkten den bereits etablierten Petri-Netzen gleicht. Die Instanzen der später eingeführten Klasse Stelle werden deswegen als Kreise und die der Klasse Einzel-Transition als aufrechtstehende Rechtecke symbolisiert (Bild 5-4).

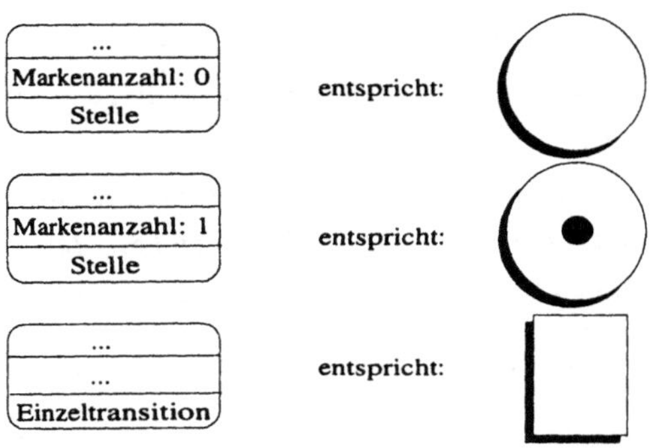

Bild 5-4: Symbole für Instanzen von Stellen und Transitionen in Prozeßmodellen

5.3 Schema für Prozeßbeschreibungen

Bei der Entwicklung des Prozeßdatenschemas kann auf bereits vorliegende Ansätze zurückgegriffen werden. Die in Kapitel 3.2.2 vorgestellten Petri-Netze sind in der Lage, die in Kapitel 5.2 gestellten Anforderungen zu erfüllen. Deswegen und aufgrund der in Kapitel 3.2.2 angesprochenen Überlegenheit der Petri-Netze gegenüber anderen Formen der Prozeßmodellierung sollen sie als Grundlage in die hier durchzuführenden Überlegungen einfließen.

Zur Herleitung des geforderten Datenschemas wird zunächst die klassische Definition eines Stellen/Transitions-Petri-Netzes als Datenschema formuliert. Darauf aufbauend werden die für die Erfüllung der Anforderungen nötigen Erweiterungen vorgenommen. Im folgenden Kapitel 5.4 werden dann die Umstrukturierungen durchgeführt, die für die Verknüpfung mit der prozeßunabhängigen Produkt- beziehungsweise Betriebsmittelinformation notwendig sind.

Bei der Entwicklung des Datenschemas kann wegen der umfangreichen theoretischen Arbeiten zu Petri-Netzen bereits auf eine fertige Definition eines Petri-Netzes in einer formalen Sprache aufgebaut werden, die einem Datenschema gleichkommt:

Ein einfaches Stellen/Transitions-Petri-Netz wird durch ein 5-Tupel (vgl. REISIG 1986, S. 71) definiert:

N={S,T,F,K,M} mit

S = {s1,s2,...,sn} ist die endliche, nicht leere Menge aller Stellen,
T = {t1,t2,...,tn} ist die endliche, nicht leere Menge aller Transitionen,
F ⊆ {S x T}∪ {T x S} ist die Menge aller Kanten, die Stellen und Transitionen verbinden,
K: S → N∪{} erklärt eine (möglicherweise unbeschränkte) Kapazität für jede Stelle.
M: S → N∪{} ist die Anfangsmarkierung mit der Anzahl der Marken pro Stelle, die die Kapazitäten respektiert, d.h. für jede Stelle s∈S gilt: M(s) ≤ K(s).

Diese Definition wurde in Bild 5-5 als Klassendiagramm formuliert.

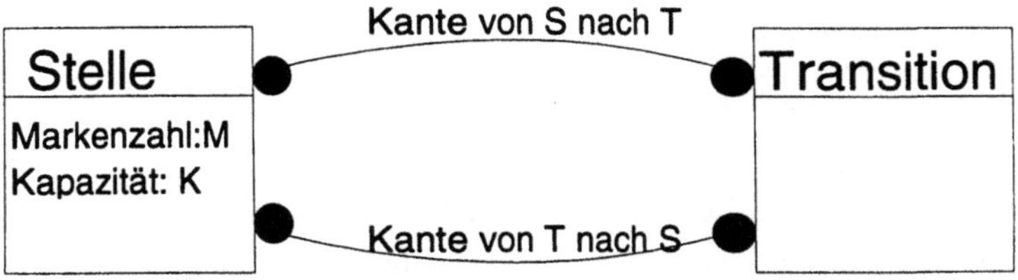

Bild 5-5: Das Datenstrukturdiagramm für ein Stellen/Transitions-Petri-Netz

Für die Erfüllung der darüber hinaus gehenden Anforderung, daß diese Struktur auch die in einem Ablaufplan enthaltenen Daten tragen kann, wird hier die zusätzliche Klasse "Aufgabe" eingeführt. Zu jeder Stelle wird eine Aufgabe assoziiert. Die Aufgabe trägt als Attribute die Zeitdauer, die während einer Stelle im Schnitt verstreicht, und die Art des Ablaufabschnittes. In Bild 5-6 wird gezeigt wie das Schema um die Klasse Aufgabe ergänzt werden kann.

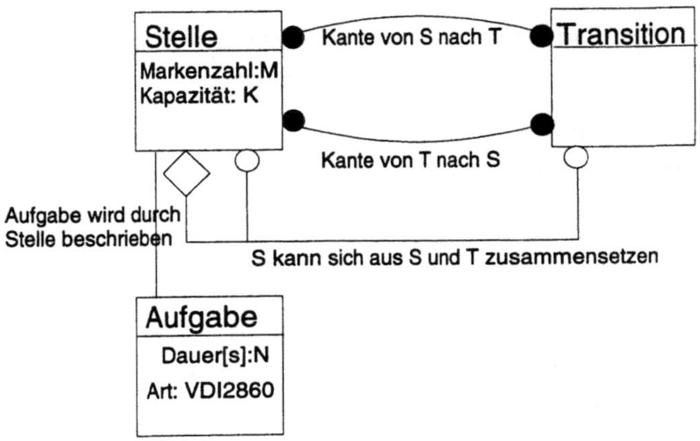

Bild 5-6: Datenstrukturdiagramm mit der Klasse Aufgabe und einem Aggregat (erkennbar an der Raute)

Detaillierungshierarchie

Für den Fall, daß eine in einer Stelle auszuführende Aktion aus mehreren Teilaktionen besteht, die alle ausgeführt werden müssen, bevor eine nachfolgende Marke nachrückt, wurde die Möglichkeit zur Detaillierung von Stellen vorgesehen. Dazu wird die Klasse Stelle mit einer Aggregation versehen, so daß eine Stelle durch ein wiederum aus Stellen und Transitionen bestehendes Petri-Netz detailliert werden kann. Dabei ist es wichtig, daß nur Stellen Aggregate sein dürfen und nicht Transitionen, da nur in Stellen Zeit verstreichen kann (PRITSCHOFF 1993, S. 226, 235). In einer Transition, die sich auch aus Stellen aggregiert, kann Zeit verstreichen und das widerspricht der Regel. Bild 5-6 zeigt das entsprechende Datenschema.

Damit eine eindeutige Interpretation von detaillierten Stellen möglich ist, müssen die entsprechenden Schaltregeln für das *Markenspiel* (siehe Abschnitt 3.3.2) festgelegt werden:

- Detailnetze beginnen mit Stellen und enden mit Transitionen.
- Trifft eine Marke auf eine detaillierte Stelle, wandert sie sofort rekursiv auf die erste Stelle des Detailnetzes.
- Trifft eine Marke auf die letzte Stelle eines Detailnetzes, wandert sie sofort rekursiv auf die Stelle der nächst niedrigeren Detaillierungsebene.
- Alle Stellen über der markierten Stelle sind auch markiert, ihre Marken können allerdings nicht weiterwandern, solange sich eine Marke in ihrem Detailnetz befindet.

Zeitglieder

Für die Abbildung von Zeitgliedern nutzt man die Möglichkeit zur Detaillierung, wie in Bild 5-7 gezeigt wird. Wie schon erwähnt, werden Instanzen von Stellen durch Kreise und Instanzen von Transitionen durch aufrechtstehende Rechtecke symbolisiert. Die Assoziation "Kante von x nach y" wird durch Pfeile beschrieben.

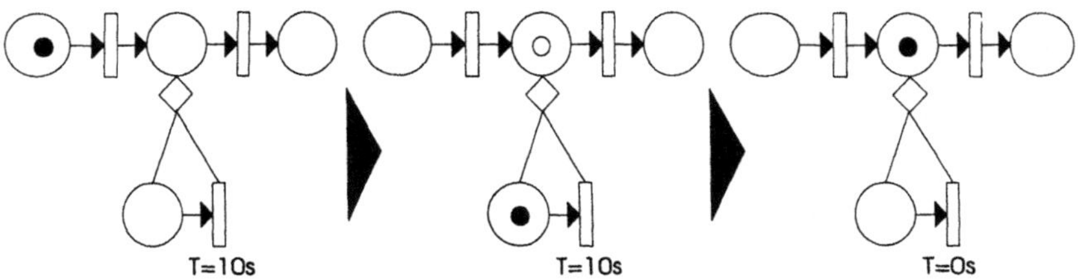

Bild 5-7: Zeitglieder werden durch eine entsprechende Detaillierung modelliert.

Wenn die Zeit T abgelaufen ist, kann die Marke in jedem Fall das Zeitglied verlassen, indem sie auf die nächst niedrigere Detaillierungsebene springt (im Bild von unten nach oben).

5.4 Integration von Produkt-/Betriebsmittel- und Prozeßschema

In einem Ablaufplan werden Prozeßschritte und ihre Reihenfolge beschrieben. Es wird das Zusammenspiel zwischen den Aktionen von den beteiligten Produkten und Betriebsmitteln beziehungsweise Menschen festgelegt. Komplexe Prozeßbeschreibungen, wie Petri-Netze, sind jedoch in der Regel nicht so aufgebaut, daß man aus ihnen explizit entnehmen könnte, was genau welches Betriebsmittel wann macht. Gerade das ist aber für die Erfüllung der folgenden Aufgaben nötig:

- Analyse des Prozesses hinsichtlich auftretender Kosten.
- Speichern der Ortskoordinaten aller Produkte und Betriebsmittel in jedem Prozeßschritt.
- Speichern der Bewegungsbeschreibungen (zum Beispiel: Roboterprogramme) der am Prozeßschritt beteiligten Betriebsmittel.
- Haltung der Information über die sich von Prozeßschritt zu Prozeßschritt ändernde topologische Beziehung zwischen Produkten und Betriebsmitteln.

Um diese Aufgaben zu ermöglichen, muß

- ein Prozeßmodell nach den beteiligten Produkten und Betriebsmitteln aufgegliedert sein (da zum Beispiel die an einer Aufgabe beteiligten Betriebsmittel unterschiedliche Ortskoordinatenwerte tragen).

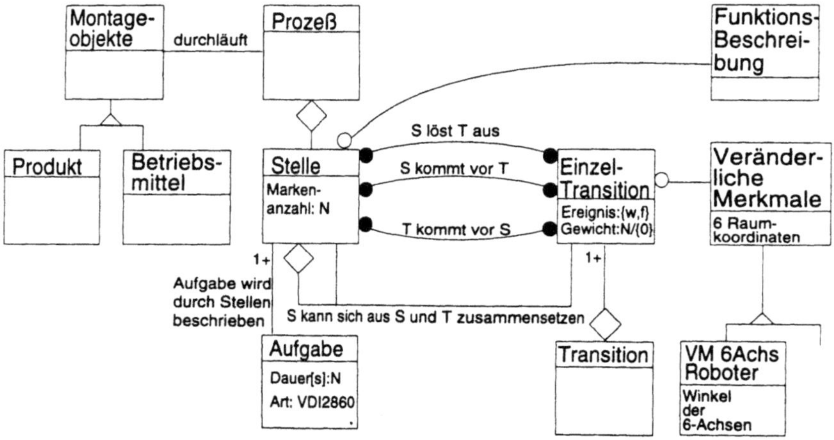

Bild 5-8: Das Datenstrukturdiagramm des integrierten Datenschemas

- ein Prozeßmodell mit der prozeßunabhängigen Produkt- beziehungsweise Betriebsmittelinformation verknüpft werden können (damit zum Beispiel bei der Kostenrechnung der Maschinenstundensatz des Betriebsmittels gefunden werden kann).

Das Aufgliedern des Prozeßmodells ist schwieriger, da es eine Erweiterung des Petri-Netz-Schemas erfordert. Es wird aus diesem Grund zuerst behandelt.

Aufgliederung des Prozeßmodells nach Montageobjekten

In Bild 5-8 sieht man das Datenstrukturdiagramm des Datenschemas, das die geforderten Aufgaben erfüllen kann. Die folgenden Erklärungen werden schrittweise die einzelnen Facetten dieses Datenschemas erklären.

Der hier verfolgte Ansatz zur Aufgliederung von Prozeßmodellen sieht für jedes der beteiligten Betriebsmittel und Produkte ein eigenes Petri-Netz vor, so daß für jedes Montageobjekt in jedem Zustand ein spezifischer Parametersatz abgelegt werden kann.

Bild 5-9 zeigt das Prinzip am Beispiel eines Films. In jeder Momentaufnahme der Filme über Roboter und Werkstück ist ein Satz von Positionsparametern abgelegt. Im dazugehörigen Bild 5-10 wird dargestellt, wie diese Information in einem Petri-Netz abgelegt wird. Da in den Transitionen keine Zeit vergeht, können ihnen Momentaufnahmen zugeordnet werden. Die Momentaufnahmen könnten neben den Ortskoordinaten auch andere relevante Parameterwerte enthalten, die sich im betrachteten Zeitraum verändern können, wie zum Beispiel die Winkelstellung der Roboterarme. Die Klasse „Einzel-Transition" trägt deswegen eine Assoziation zu der Klasse „veränderliche Merkmale" (vgl. Bild 5-8), damit die Ortskoordinaten, aber auch andere Parameter aus Unterklassen von „veränderliche Merkmale" mit einer Einzel-Transition assoziiert werden können.

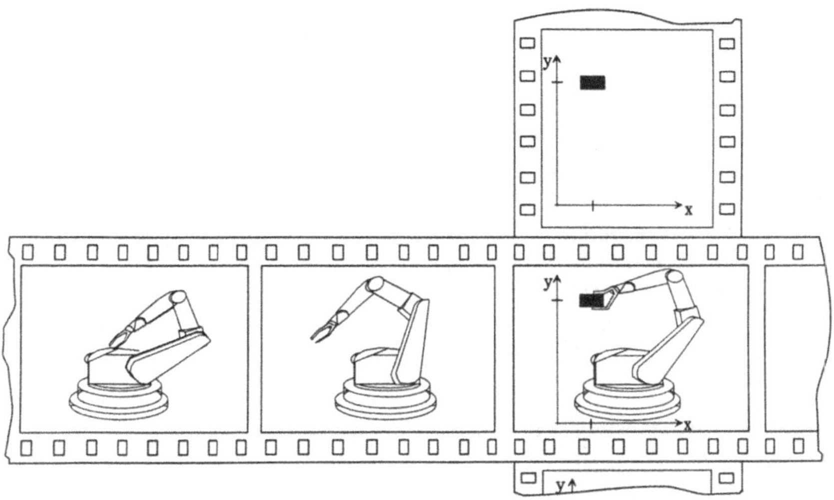

Bild 5-9: Die Bewegungsabläufe von zwei Objekten, die miteinander in Kontakt treten. Roboter greift Werkstück.

Bewegungsbeschreibungen oder Funktionsbeschreibungen werden, da der Ablauf der Funktion Zeit verschlingt, den Stellen zugeordnet. Im Schema (Bild 5-8) wird dazu in der Klasse Stelle eine Assoziation auf eine Funktionsbeschreibung vorgesehen. Die Zuordnungen von Attributen und Funktionsbeschreibungen würden bei einem Petri-Netz, das nicht auf ein konkretes Betriebsmittel oder Produkt bezogen ist, keinen Sinn machen. Es wäre dann nicht bekannt, welches Montageobjekt durch das Attribut beschrieben wird, beziehungsweise welches Montageobjekt die Funktion ausführen sollte.

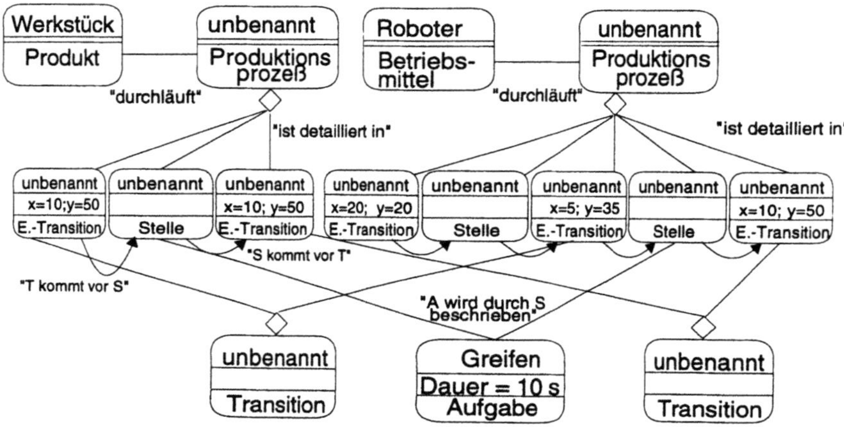

Bild 5-10: Im Instanzendiagramm des Petri-Netzes werden Momentaufnahmen der Roboter- und der Bauteilpositionen abgelegt. Zur Vereinfachung werden die Attributwerte der Positionen direkt in die Instanzen der E.-Transitionen eingezeichnet und nicht in mit den Transitionen verknüpften Instanzen der Klasse „Veränderliche Merkmale".

Alle Stellen und Transitionen eines hierarchischen Netzes müssen dabei genau mit einem Montageobjekt assoziiert werden. Zur Realisierung dieser eindeutigen Zuordnung wird die Tatsache genutzt, daß hierarchische Baumstrukturen nur eine Wurzel haben. Von der Wurzel eines Prozeßbaumes (Instanz der Klasse „Produktionsprozeß") geht eine Verknüpfung (mit dem Namen „durchläuft") zur prozeßneutralen Information über das Produkt beziehungsweise die Betriebsmittel. Dies ist sowohl im Klassendiagramm Bild 5-8 als auch im Instanzendiagramm Bild 5-10 ersichtlich. Alle Elemente eines Prozeßbaumes sind deswegen dem selben Produkt beziehungsweise Betriebsmittel zugeordnet.

Das *Bild 5-11* zeigt ein Modell des hierarchischen Prozesses eines Roboters. Die Wurzeln von Prozeßbäumen sind Instanzen der Klasse Produktionsprozeß. Nur sie dürfen die Verknüpfung (Montageobjekt „duchläuft“ Produktionsprozeß in Bild 5-8) zu den Montageobjekten tragen, damit ein Prozeßbaum in jedem Fall nur einem einzigen Montageobjekt zugeordnet ist.

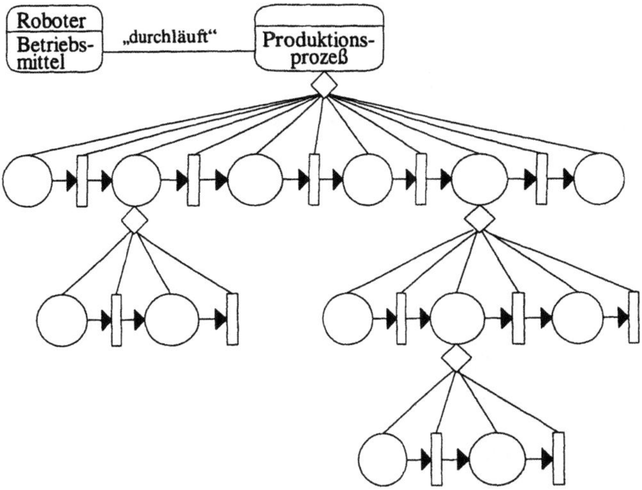

Bild 5-11: Der hierarchische Prozeß für einen Roboter aus der Klasse Betriebsmittel

Die Anknüpfung von Stellen zu Produkten oder Betriebsmitteln geschieht damit über die Klasse Produktionsprozeß. Sie ist sowohl mit den Petri-Netz-Stellen und Transitionen, als auch, über die Oberklasse "Montageobjekte", mit Produkten und Betriebsmitteln verbunden (vgl. Bild 5-8).

Verketten von Petri-Netzen

Für die Abbildung des Gesamtprozesses, in dem verschiedene Montageobjekte, seien es Produkte oder Betriebsmittel, vorkommen, ist es notwendig, daß die unterschiedlichen Petri-Netze der einzelnen Montageobjekte verknüpft werden können. Dabei sollte es im Idealfall möglich sein, die einzelnen Abläufe so zu koppeln, daß keine neuen Schaltregeln zur Abarbeitung der Petri-Netze (vgl. Bild 5-13) nötig werden.

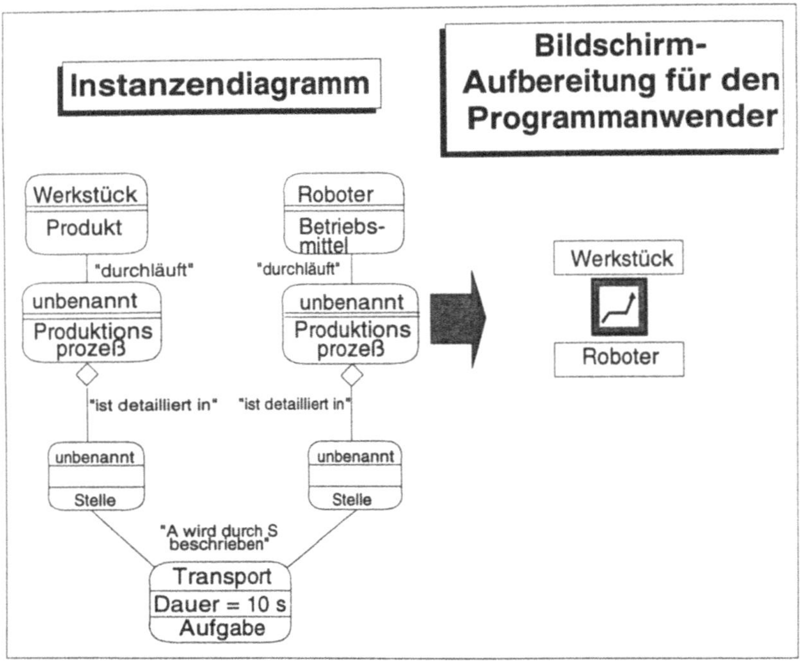

Bild 5-12: Das komplexe Datenmodell von Montageaufgaben kann für den Programmanwender stark vereinfacht aufbereitet werden.

Zur Erfüllung dieser Anforderung wurde vorgesehen, daß Stellen über Instanzen der Klasse "Aufgabe" verbunden werden können. Eine Aufgabe wird damit durch die Stellen (für Aktionen und Zustände) der an ihr beteiligten Objekte beschrieben. Zum Beispiel könnte eine Transportaufgabe dadurch beschrieben werden, daß ein Roboter die Transportbewegung durchführt, und das transportierte Werkstück dabei passiv bleibt. In Bild 5-12 ist das dafür passende Instanzendiagramm dargestellt. Auf der rechten Seite des Bildes wird dargestellt, auf welche Weise das Datenmodell dieses Beispiels für den Programmanwender aufbereitet werden könnte. Das genormte Symbol verdeutlicht, daß es sich um eine Transportaufgabe handelt. Darüber wird angezeigt, daß das hier bearbeitete Montageobjekt „Werkstück" heißt. Unter dem Symbol werden die beteiligten Betriebsmittel, hier der „Roboter", eingeblendet.

Verbundene Stellen setzen voraus, daß auch vorangehende und folgende „Einzel-Transitionen" zusammengefaßt werden. Dazu werden die mit den „Einzel-Transitionen" verbundenen Bedingungen durch eine "UND"-Verknüpfung verschaltet. Ein Aggregat von „Einzel-Transitionen" ergibt eine „Transition" und wird in der gleichnamigen Klasse (vergleiche Bild 5-8 und Bild 5-10) instanziiert.

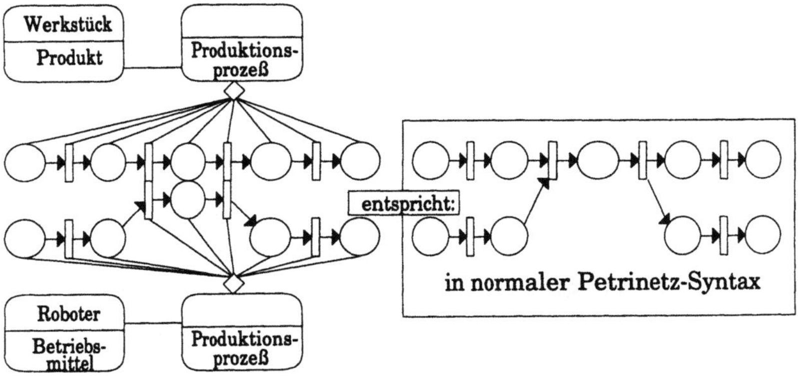

Bild 5-13: Ein richtig verkettetes Netz läßt sich wiederum wie ein gewöhnliches Petri-Netz interpretieren.

Die Verknüpfung von Petri-Netzen über Aufgaben ist allerdings nicht ausreichend, da die Leseweise verlangt, daß nach Abschluß der Aufgabe alle beteiligten Objekte in einen neuen Zustand (bzw. Stelle) wechseln. Die „kommt vor"-Verknüpfung beschreibt ausschließlich den Übergang einer Marke von einer Stelle über eine Einzel-Transition zur nächsten Stelle. Die Marke repräsentiert dabei jeweils ein Montageobjekt.

Der Fall, daß eine Transition nur schalten soll, wenn ein bestimmter Sensor sich in einem bestimmten Zustand befindet, der Zustand des Sensors sich aber durch das Schalten der Transition nicht ändert, ist mit den „kommt vor"-Verknüpfungen nur unter Einbußen bei Lesbarkeit und Übersichtlichkeit zu erreichen.

Aus diesem Grund wurde die zusätzliche Assoziation „löst aus" eingeführt, mit der das Schalten einer Transition von beliebig vielen Stellen abhängig gemacht werden kann. Die Transition darf nur schalten, wenn auf allen Stellen, mit denen sie über die „löst aus"-Verknüpfung verbunden ist, Marken liegen.

Zusammenfassend ergeben sich drei Möglichkeiten zur Verkettung der Petri-Netze (Siehe auch Bild 5-14):

1. Fall:

Mehrere Montageobjekte nehmen an einer gemeinsamen Aufgabe teil. (Hier sind die an der Aufgabe beteiligten Stellen über eine Instanz der Klasse „Aufgabe" verknüpft, während alle der im Sinne der „kommt vor"-Verknüpfung vorangehenden und folgenden „Einzel-Transitionen" jeweils über eine Instanz der Klasse „Transition" verbunden sind.)

2. Fall:

Mehrere Aufgaben sind von der gleichen Übergangsbedingung beziehungsweise Transition abhängig und alle beteiligten Montageobjekte wechseln zur nächsten Stelle nach Erfüllung der Übergangsbedingung. (Hier sind nur die im Sinne der „kommt vor"-Verknüpfung vorangehenden „Einzel-Transitionen" über eine Instanz der Klasse „Transition" verbunden.)

3. Fall:

Beliebig viele Montageobjekte (z.B. Roboter) sind davon abhängig, daß sich ein anderes Montageobjekt (z.B. ein Sensor) in einem bestimmten Zustand befindet beziehungsweise nicht befindet. Wenn der Sensor den gefragten Zustand durch die Belegung einer Stelle mit einer Marke anmeldet, können die Roboter weiterarbeiten, wenn sie bereit sind. Der Sensor muß nicht notwendigerweise in einen neuen Zustand wechseln. (Dieser Fall wird durch „löst aus"-Verknüpfungen zwischen der „Stelle" des Sensors und den betroffenen „Einzel-Transitionen" der Roboter dargestellt. Über die „löst aus"- Verknüpfung kann eine Marke mehrere „Transitionen" erfüllen. Die „kommt vor"- Verknüpfung kann dies nicht, da sie nur ein „Montageobjekt" repräsentiert, das natürlich nicht gleichzeitig in zwei unterschiedliche „Stellen" (Zustände) wechseln kann.)

	Möglichkeit der Netzverknüpfung	**Beispielhafter Anwendungsfall**
1. Fall:	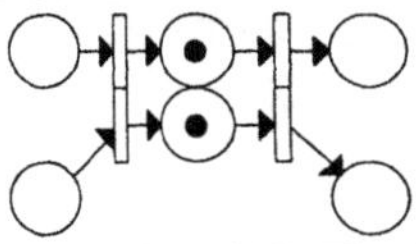	Roboter transportiert Bauteil, wobei für die Dauer der Transportaufgabe beide gebunden sind.
2. Fall:	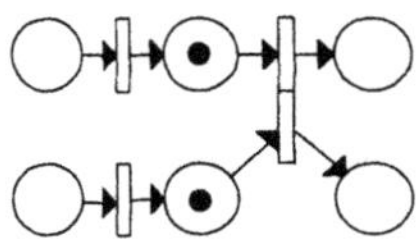	Wenn ein Roboter seine Aufgabe abgeschlossen hat, muß das Förderband weitertakten und der Roboter einen neuen Zyklus beginnen.
3. Fall:	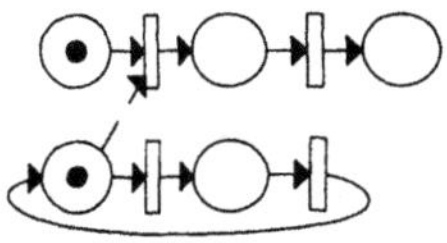	Binärer Sensor (unten) zeigt an, daß Roboter (oben) mit Montageaufgaben beginnen kann.

Bild 5-14: Drei Möglichkeiten die objektbezogenen Petri-Netze miteinander zu verknüpfen.

Nur in Stellen vergeht Zeit und Transitionen sind zeitlose Bedingungen

Wie schon erwähnt, sind Stellen und Transitionen hier so definiert, daß nur in Stellen Zeit verstreicht. Transitionen dagegen stellen zeitlose Bedingungen dar. In der Literatur (GROHA 1988) finden sich allerdings auch zahlreiche Petri-Netz-Anwendungen bei denen Stellen Zustände und Transitionen Aktionen repräsentieren, so daß bei beiden Zeit verstreichen kann. Das dies hier nicht möglich ist, wird bei nährerer Betrachtung der Verknüpfungsregeln von Netzen deutlich:

Sowohl Aktionen, wie zum Beispiel „der Roboter fährt von Position A nach B", als auch Zustände, wie „der Greifer hält das Werkstück gespannt" oder „das Werkzeug ruht im Greifer", werden hier als Stellen dargestellt. Andernfalls hätte man häufig den Fall, daß dieselbe Aufgabe aus Sicht eines Montageobjektes durch eine Aktion und aus Sicht eines anderen durch ein Zustand beschrieben würde. Ein Verknüpfen einer Transition (für die Aktion) mit einer Stelle (für den Zustand) würde jedoch eine völlig neue Semantik zur Interpretation eines Netzes erfordern (vgl. Bild 5-13).

5.5 Schema für Produkt und Betriebsmittel

In Kapitel 3.2.1 wurde bereits darauf hingewiesen, daß im Themenbereich Produktmodellierung schon sehr fundierte und umfangreiche Ergebnisse vorliegen. Insbesondere der im Rahmen von STEP vorangetriebene Ansatz deckt bereits heute einen Großteil der auf Seite der CAD-Hersteller bestehenden Anforderungen ab.

Aus diesem Grund wird an dieser Stelle nur darauf eingegangen, wie das STEP-Schema in die hier angestrebte Lösung miteinbezogen werden kann.

Die von STEP eingebrachten Datenstrukturen, wie zum Beispiel Geometrie, Kinematik, Versionen, Baugruppenstrukturen etc., sind im Regelfall sowohl für Produkte als auch für Betriebsmittel sinnvoll nutzbar, auch wenn einige Möglichkeiten wie zum Beispiel die Versionsverwaltung in der Regel bei einem Betriebsmittel nicht ausgeschöpft werden. Aus diesem Grund sollen beiden Klassen die Fähigkeiten des STEP-Datenschemas zur Verfügung gestellt werden. Die einfachste Lösung dafür ist die Vererbung der STEP-Strukturen.

STEP verwendet die Klasse (In der STEP-Literatur wird oft statt „Klasse" die Bezeichnung „Entity" verwendet.) „product" für physikalisch realisierbare Objekte, die durch einen natürlichen Prozeß oder in einem Produktionsprozeß hergestellt werden. Für unterschiedliche Versionen dieses Produktes ist die Klasse „product_version" vorgesehen, die eine Assoziation zur Klasse Produkt trägt, so daß alle Versionen dem Produkt zugeordnet werden können.

Für die Bearbeitung jeder Version können beliebige Softwarewerkzeuge zum Einsatz kommen, die zum Teil bei ihrer Modellierung unterschiedliche Schwerpunkte setzen. Aus diesem Grund wurde vorgesehen, daß zu jeder Produktversion beliebig viele Modelle erstellt werden können, die sich durch ihren Anwendungsfall unterscheiden. Alle diese Modelle werden in der generischen Klasse „product_definition" instanziiert. Jede Instanz dieser Klasse ist mit der jeweiligen „product_version" verknüpft, deren Eigenschaften die Instanz darstellt. Diese Instanzen als Repräsentanten von Produkt-Bauteilen können durch entsprechende Verknüpfungen zu Baugruppen verbunden werden und ihnen kann Geometrie- und Kinematikinformation zugeordnet werden. Damit erfüllt die Klasse „product_definition" die eingangs gestellte Anforderung und eignet sich prinzipiell als Oberklasse für die in dieser Arbeit vorgestellte Klasse der „Montageobjekte".

Weitere Attribute, wie zum Beispiel betriebswirtschaftliche Information, physikalische Eigenschaften oder auch die Kommunikationsaddressen der Betriebsmittel, finden sich nach dem derzeitigen Stand noch nicht im STEP-Datenschema. Sie lassen sich jedoch einfach durch Ergänzen der Klassen um die entsprechenden Attribute erfüllen. In Bild 5-15 wird das vorgeschlagene Datenschema graphisch dargestellt.

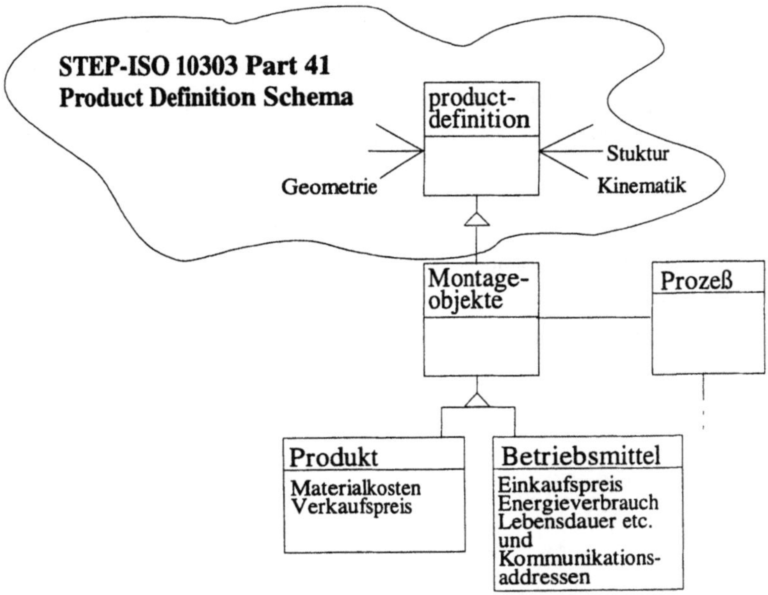

Bild 5-15: Anbindung des vorgeschlagenen montagespezifischen Prozeßdatenschemas an das STEP-Produktdatenschema

Für die Betrachtung von Montageanlagen spielt auch der manuelle Arbeitsplatz und damit der Mitarbeiter eine bedeutende Rolle. Er wird hier bei der Entwicklung des Datenschemas allerdings nicht weiter berücksichtigt, da er informationstechnisch nach dem gleichen Prinzip behandelt werden kann wie ein Betriebsmittel.

5.6 Zusammenfassung

Das Kapitel 5 „Konzeption eines Datenschema“ stellt den zweiten Teil des in dieser Arbeit entwickelten Lösungskonzeptes dar. Hier wurden die sich aus dem methodischen Konzept in Kapitel 4 ergebenden Anforderungen aufgegriffen und ein Datenschema erarbeitet, das die Grundlage für die Entwicklung eines Rechnerprogrammes zur Montageplanung darstellt.

Das Ergebnis des Kapitels ist ein Datenschema, das es erlaubt, den Montageprozeß nach den beteiligten Montageobjekten zu gliedern. Es bietet die Möglichkeit, den Prozeß jedes einzelnen Betriebsmittels und Werkstücks separat zu betrachten. Es faßt die Daten aus CAD-Zeichnung, 3D-Simulation, Ablaufplan und Steuerung zu einem gemeinsamen Kontext zusammen und liefert dadurch die Grundlage für die durchgängige Verwendung des Montageanlagenmodells während der gesamten Montageplanung.

Produkt-, Betriebsmittel- und Prozeßinformation können dabei mittels des hier entwikkelten Datenschemas so verzahnt werden, daß das aus allen drei Informationstypen bestehende Modell der Gesamtanlage weitgehend redundanzfrei verwaltet werden kann. In Bild 5-16 wird dies dadurch veranschaulicht, daß die einzelnen Informationstypen wie Puzzlesteine ineinandergreifen und so ein durchgängiges Modell der Montageanlage ergeben.

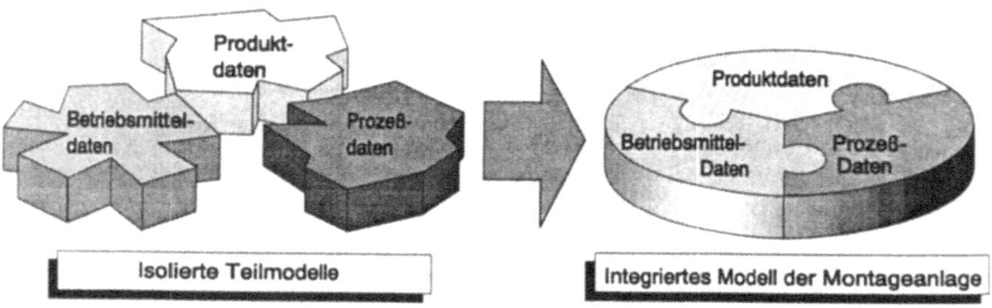

Bild 5-16: Das Datenschema ermöglicht es, statt isolierter Teilmodelle ein durchgängiges Modell der Montageanlage aufzubauen.

6 Umsetzung in das Planungssystem CosMonAut

In den vorangegangenen Kapiteln 4 und 5 wurden die Konzepte dargelegt, auf deren Basis das Planungssystem CosMonAut entwickelt wurde. Die Abkürzung CosMonAut steht für „Computersystem zur Montage-Automatisierung". Das System eignet sich besonders für automatisierte Montagesysteme, da mit zunehmender Automatisierung der Planungsaufwand steigt, und sich deswegen in diesem Bereich das beste Nutzen/Kosten-Verhältnis für den Einsatz eines Planungssystems bietet. Das System ist allerdings in seinem Anwendungsbereich nicht auf automatisierte Montageanlagen beschränkt.

Im Abschnitt 6.1.1 werden zunächst der Aufbau des Systems und die dabei verwendeten Software-Module beschrieben. Im wesentlichen werden hier die rein rechnertechnischen Gesichtspunkte des Systems genannt.

Der darauffolgende Abschnitt 6.1.2 beschreibt, wie sich das System dem Benutzer präsentiert und nach welcher Logik es zu bedienen ist.

Das Planungssystem ermöglicht es, während der Montageplanung ein einheitliches rechnerinternes Modell der Montageanlage zu synthetisieren und zu analysieren. In Abschnitt 6.1.3 wird aufgezeigt, welche der in Kapitel 2.1.3 formulierten Teilaufgaben der Montageplanung in CosMonAut umgesetzt wurden.

6.1 Aufbau des Planungssystems

6.1.1 Softwarekomponenten

Das Planungssystem CosMonAut ist kein alleinstehendes Softwareprogramm, sondern es nutzt auch den Funktionsumfang anderer Programme, die nicht im Rahmen dieser Arbeit entwickelt wurden. Alle neu entwickelten Funktionen sind im Softwarepaket „CosMonAut-Integrationskern" zusammengefaßt. Im folgenden wird beschrieben, aus welchen Softwarekomponenten das Gesamtsystem CosMonAut besteht, und welche

Funktionsumfänge die einzelnen Komponenten zum Gesamtsystem CosMonAut beisteuern.

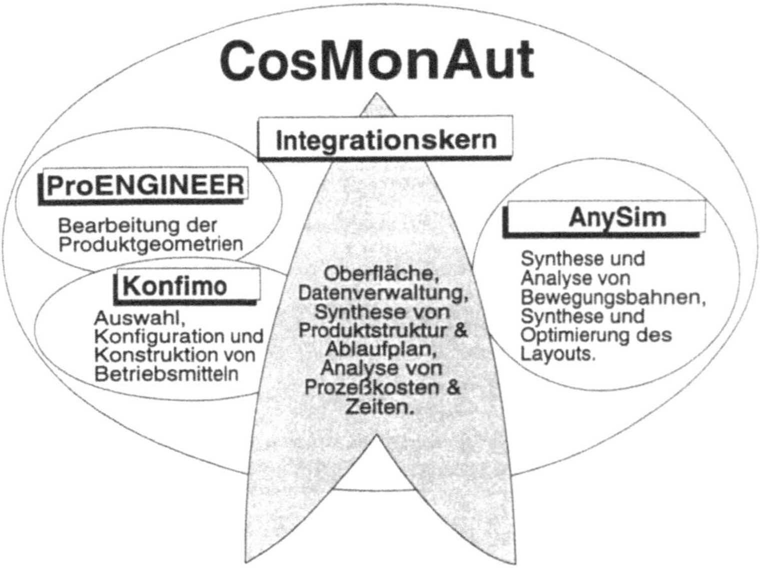

Bild 6-1: Die Komponenten des CosMonAut-Gesamtsystems

Im einzelnen werden neben dem „CosMonAut-Integrationskern", das CAD-Programm ProENGINEER ©, das Betriebsmittelkonfigurationssystem Konfimo (STROHMAYER 1992) und das 3D-Simulationssystem AnySim © eingesetzt.

Die Komponente „CosMonAut-Integrationskern" beherbergt Synthese- und Analysefunktionen, die Datenverwaltung und die Benutzeroberfläche (vgl. Bild 6-1). Für die Entwicklung wurde die Programmiersprache C++ eingesetzt. Die graphische Oberfläche wurde aufbauend auf die C++-Klassenbibliothek InterViews 3.1 entwickelt. Die Haltung der komplex vernetzten Datenmodelle erforderte den Einsatz einer objektorientierten Datenbank. Zum Einsatz kam das System ONTOS ©. Das der Datenbank zugrundeliegende Datenschema entspricht weitgehend dem in Kapitel 5 entworfenen, mit der wesentlichen Ausnahme, daß die Produktgeometrien in der dem CAD-System beziehungsweise 3D-Simulationssystem eigenen Datenstruktur verwaltet werden. Der

Grund ist, daß es derzeit noch kein CAD- oder 3D-Simulations-System gibt, das uneingeschränkt das STEP-Datenschema verwendet.

Das CAD-Programm ProENGINEER © dient der Visualisierung der 3D-Geometrien von Produkt und Betriebsmitteln und trägt damit zur Benutzeroberfläche bei. Darüber hinaus kann die vom Konstrukteur in diesem Programm erstellte Produktstruktur über eine Schnittstelle in den CosMonAut-Integrationskern übernommen werden.

Das Betriebsmittelkonfigurations- und Konstruktionssystem Konfimo unterstützt den Planer bei Auswahl und Konstruktion der Betriebsmittel und damit bei der Synthese von Betriebsmittelmodellen. Außerdem dient es auch zur Analyse darüber, welche Betriebsmittel eingesetzt werden können. Konfimo hat seine eigene Benutzeroberfläche und ist nur über die Datenhaltung in CosMonAut integriert.

Das 3D-Simulationssystem AnySim © dient zur Planung und Visualisierung von Bauteil-, Betriebsmittel- und Mitarbeiter-Bewegungen, und zur Generierung und Optimierung des Layouts. Als Ergebnis der Bewegungsplanung kann das System Roboterprogramme für Betriebsmittel und die für die Bewegungen nötigen Zeiten liefern. Im Falle des manuellen Arbeitsplatzes werden die Zeiten dabei über ein „System vorbestimmter Zeiten“ (REFA 1971, S. 65) ermittelt.

Alle Komponenten laufen auf Rechnern mit dem Betriebssystem UNIX. Die Komponenten kommunizieren untereinander über RPC-Schnittstellen (Remote-Procedure-Call).

6.1.2 Struktur der Benutzeroberfläche

Die einzelnen Komponenten treten für den Anwender nur in Erscheinung, wenn es ein bestimmter Arbeitsgang erfordert. Die Benutzeroberfläche befreit den Anwender dadurch von der Entscheidung über das jeweils anzuwendende Softwarewerkzeug.

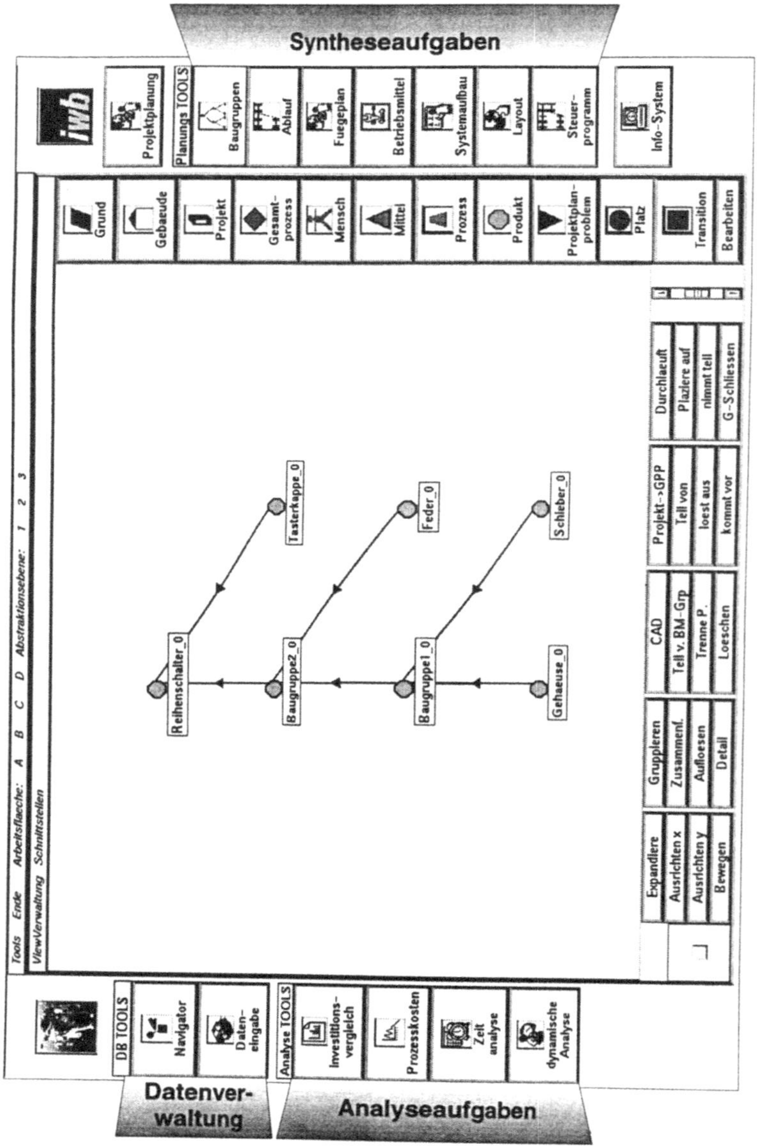

Bild 6-2: Die Benutzeroberfläche des CosMonAut-Integrationskerns

Die in Bild 6-2 dargestellte Benutzeroberfläche des „CosMonAut-Integrationskerns" ist für den Anwender immer der Ausgangspunkt der Montageplanungsarbeit am Computer. Sie bietet den Einstieg in die drei Hauptanwendungsbereiche des Systems (vgl. Bild 6-2):

- Datenverwaltung
- Synthese
- Analyse

Für jeden dieser Hauptanwendungsbereiche werden durch die in der Oberfläche links- und rechts außen angeordneten Tasten verschiedene Teilarbeitsgänge angeboten. Die für die Teilarbeitsgänge nötigen Hilfsmittel werden durch eine weitere Tastenleiste am unteren Rand des Bildschirmausschnitts zur Verfügung gestellt. Der Arbeitsgegenstand wird durch eine symbolische Graphik auf der Arbeitsfläche in der Mitte der Benutzeroberfläche dargestellt. Zum Beispiel wird die Strukturstückliste eines Küchengeräte-Reihenschalters durch einen Strukturbaum, wie er im Bereich der Arbeitsfläche auf Bild 6-2 abgebildet ist, symbolisiert. Der Planer modifiziert eine derartige Struktur durch Bearbeiten der Symbole und deren Verknüpfung.

Die Arbeit mit Symbolen erlaubt einen frühen Einstieg in die Planung ohne konkrete Produkt- und Betriebsmittelgeometrien. Liegen diese Geometrien vor, kommen die Komponenten CAD-System und 3D-Simulationssystem zum Einsatz. Während das CAD-System für den Planer in erster Linie als Informationsquelle über das Produkt dient, wird das 3D-Simulationssystem eingesetzt, um ein räumliches Modell der Montageanlage aufzubauen, und um die Montage-Bewegungen durchzuspielen.

6.1.3 Umgesetzte Funktionen für Synthese und Analyse

Das Planungssystem unterstützt einen großen Teil der in Kapitel 4 genannten Arbeitsgänge der Montageplanung. Für den Überblick wird in Bild 6-3 zusammengefaßt, welche Funktionen zur Verfügung stehen, und in welchem Zusammenhang sie zum 5-Schichtenmodell stehen.

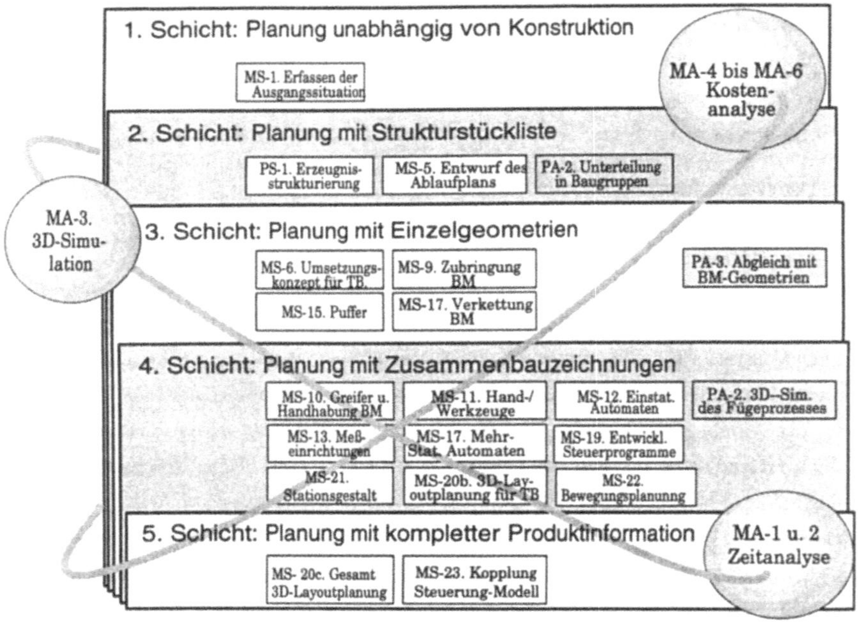

Bild 6-3: Die umgesetzten Funktionen im 5-Schichtenmodell

6.2 Zusammenfassung

In diesem Kapitel wurde das Montageplanungssystem CosMonAut vorgestellt. Das System ermöglicht die Synthese und Analyse von rechnerinternen Modellen des Produktes und der Montageanlage auf der Grundlage des in Kapitel 5 vorgestellten Datenschemas.

Das System unterstützt den Planers bei einem Vorgehen, das sich aus der Anwendung des in Kapitel 4 vorgestellten Methodenbaukastens ergibt.

Das System integriert verschiedene für den Montageplaner notwendige Softwarefunktionen, um den vielfältigen Teilaufgaben der Planung gerecht zu werden.

7 Beispielhafte Anwendungen

Das Ziel dieses Kapitels ist die Veranschaulichung der in den vorangegangenen Kapiteln entwickelten Konzepte. Zum einen soll die Nutzung der Planungsmethode zur Entwicklung von Vorgehensplänen und zum anderen die Durchführung der Vorgehenspläne mittels des Planungssystems CosMonAut gezeigt werden.

7.1 Anwendungsbeispiel für Systematik und Planungssystem

Zunächst wird in Abschnitt 7.1.1 eine beispielhafte Aufgabenstellung entworfen, die das Produkt, die bestehende, alte Montageanlage und ein Szenario für den Informationsfluß zwischen Konstruktion und Planung beschreibt.

Aus der Aufgabenstellung werden nach dem in Kapitel 4 vorgestellten Prinzip konkrete Teil-Vorgehenspläne für den Planer abgeleitet (Abschnitt 7.1.2).

Der darauffolgende Abschnitt 7.1.3 gibt einen Einblick in die beispielhafte Anwendung von CosMonAut. Dabei wird anhand von einzelnen Aufgaben darauf eingegangen, wie die in Kapitel 4 eingeführten fünf Planungsschichten von dem Planungssystem unterstützt werden. Zur Veranschaulichung werden Bildschirmmasken des Systems abgebildet.

7.1.1 Aufgabenstellung des Beispiels

Als Beispielprodukt dient hier eine Vereinfachung eines elektromechanischen Haushaltsgeräte-Reihenschalters, der zum Beispiel für die Bedienung von Waschmaschinen eingesetzt wird. Die einzelnen Tasten dienen zur Auswahl unterschiedlicher Waschprogramme. Die Geometrie wird in Bild 7-1 dargestellt. Das Produkt soll über mehrere Jahre in mittleren Stückzahlen gefertigt werden.

Aus Gründen der Übersichtlichkeit werden nicht alle Einzelteile des realen Reihenschalters berücksichtigt. Betrachtet werden hier nur die Bauteile:

- Gehäuse
- Schieber
- Tasterkappen
- Federn zur Spannung der Tasten

Die Schieber stecken von innen nach außen im Gehäuse und tragen außen die Tasterkappen. Die Federn werden zwischen Gehäuse und äußerem Schieberende zusammengedrückt, so daß sie das Schieberende vom Gehäuse wegdrücken. Daraus ergibt sich die Fügereihenfolge: 1.Schieber in Gehäuse; 2. Federn in Schieber; 3. Tasterkappen auf Schieber.

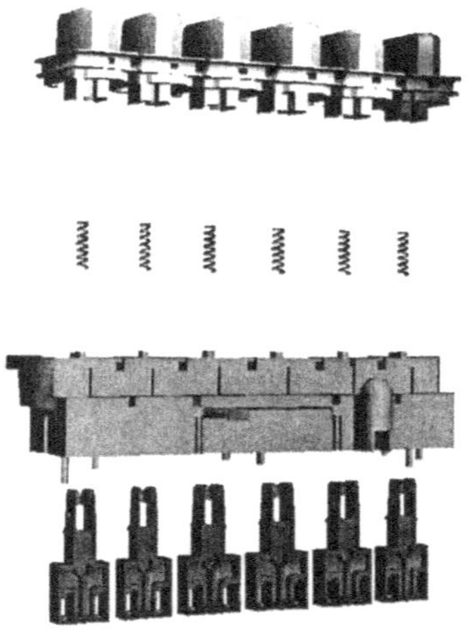

Bild 7-1: Als Beispielprodukt dient ein Haushaltsgeräte-Reihenschalter

Das Produkt soll auf einer bestehenden nicht ausreichend genutzten flexiblen Anlage für die Kleingerätemontage (vgl. SCHMIDT 1991, ROCKLAND 1995) montiert werden. Die Anlage hat einen starren Grundaufbau (Bild 7-2), bietet aber Flexibilität durch programmierbare Handhabungsroboter und Anlagensteuerung. Außerdem kann der Umfang des Umbaus durch den Austausch von wenig kapitalintensiven produktspezifischen Betriebsmitteln, wie dem Robotergreifer oder den Werstückträgern, stark begrenzt werden.

Bild 7-2: Die bestehende Montageanlage hat einen produktunspezifischen Grundaufbau und ist hinsichtlich Bewegungsbahnen und Steuerung programmierbar.

Das Beispielszenario der Produktentwicklung ist dadurch gekennzeichnet, daß der Planer zur frühen Fehlererkennung und zur Verkürzung der Entwicklungszeit von Produkt und Anlage so bald wie möglich mit der Planung beginnt. Zur optimalen Abstimmung trifft sich ein Simultaneous Engineering Team in regelmäßigen Zeitabständen.

7.1.2 Nutzung der Systematik zur Ermittlung der Vorgehensweise

Die in Kapitel 4 entwickelte Planungssystematik dient zum Entwurf von problemspezifischen Vorgehensplänen für den Montageplaner. Zunächst muß dazu die Problemstellung charakterisiert werden:

Handelt es sich um eine Anpassungsplanung oder eine Neuplanung?

> In diesem Beispiel wird als eine Planungsalternative eine Anpassungsplanung erwogen. Diese erscheint wegen des hohen Flexibilitätsgrades und der brachliegenden Kapazität der alten Anlage sinnvoll. (Für andere Planungsalternativen würden gegebenenfalls andere Vorgehenspläne nötig werden.)

Welche Flexibilität der Anlage wird für das Umrüsten genutzt werden müssen?

> Da es sich um ein bisher noch nicht gefertigtes Produkt handelt, muß voraussichtlich das ganze Flexibilitätspotential der Anlage ausgeschöpft werden. Bewegungsprogramme und Anlagensteuerung müssen umprogrammiert und neue produktspezifische Betriebsmittel konstruiert und gebaut werden.

Auf Basis dieser Antworten können Teil-Vorgehenspläne festgelegt werden, nach denen die der Planung vorliegende Eingangsinformation aus der Konstruktion bearbeitet werden kann. Die Teil-Vorgehenspläne sind in Bild 7-3 abgebildet.

Im Rahmen dieses Beispiels wird die 3. Schicht bei **vier** unterschiedlichen Einzelteilgeometrien und **drei** Baugruppen **sieben**mal bearbeitet werden. Die 4. Schicht dagegen müßte nur **drei**mal durchlaufen werden. Falls Produktänderungen nötig werden, können sich diese Zahlen entsprechend erhöhen.

Der Planer wird in verschiedenen Stadien der Produktentwicklung ständig über neue Versionen des Produktes informiert werden. Im Rahmen des SE-Teams wird es zum Beispiel häufiger zum informellen Informationsaustausch über das Produkt kommen. Für diesen Fall bietet die Planungssystematik dem Planer über die Analyseaufgaben Ansatzpunkte zur Optimierung des Produktes. Die Synthese des Anlagenmodells sollte allerdings erst beginnen, wenn die Produktdaten nicht mehr nur vorläufigen Charakter haben.

Die Aufgaben zur Analyse des Anlagenmodells sind der Übersichtlichkeit halber in Bild 7-3 nicht eingezeichnet. Sie sind Bild 4-4 aus Kapitel 4 zu entnehmen.

Die Reihenfolge, in der die Teil-Vorgehenspläne abgearbeitet werden, wird durch das Eintreffen der Eingangsdaten festgelegt. Nur der Zeitpunkt des Ablaufs der 1. Schicht der Planung steht fest. Die erste Schicht muß zu Beginn der Planung abgearbeitet werden.

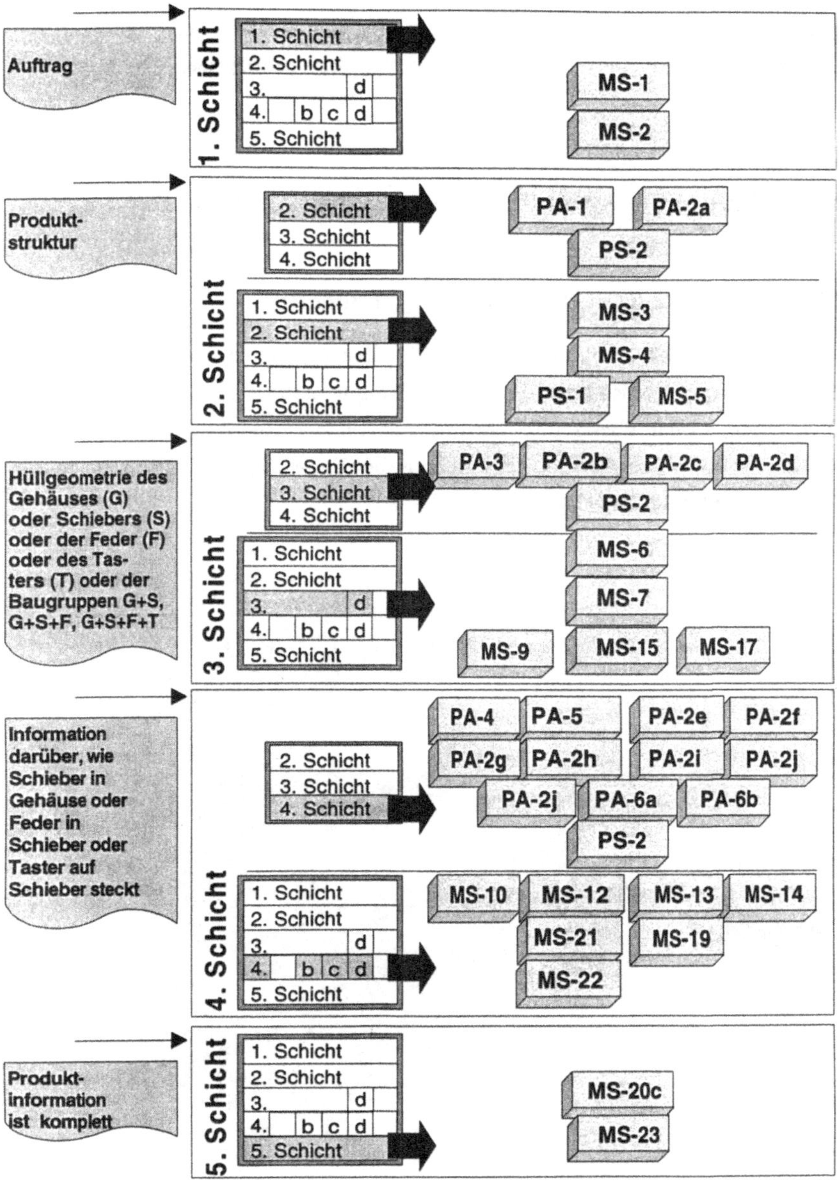

Bild 7-3: Im Bild sind die bei Eintreffen von Produktinformation durchzuführenden Teil-Vorgehenspläne eingezeichnet.

In den nun folgenden Unterkapiteln wird anhand des Beispiels beschrieben, wie der Einsatz von CosMonAut für die Bearbeitung der einzelnen Planungsschichten verlaufen würde.

7.1.3 Beispielhafter Einsatz des Planungssystems CosMonAut

7.1.3.1 Erste Planungsschicht - Projektgrunddaten

Ein Auftrag aus dem Projektmanagement gibt den Anstoß zur Planung einer Anlage für die Montage des Reihenschalters. Der Planungsauftrag enthält das Pflichtenheft sowie Informationen über Termine, Investitionsvolumen, Ziel-Stückkosten und Stückzahlen. Darüber hinaus geht aus dem Auftrag die Zielsetzung hinsichtlich Produktion, Personal und Organisation hervor.

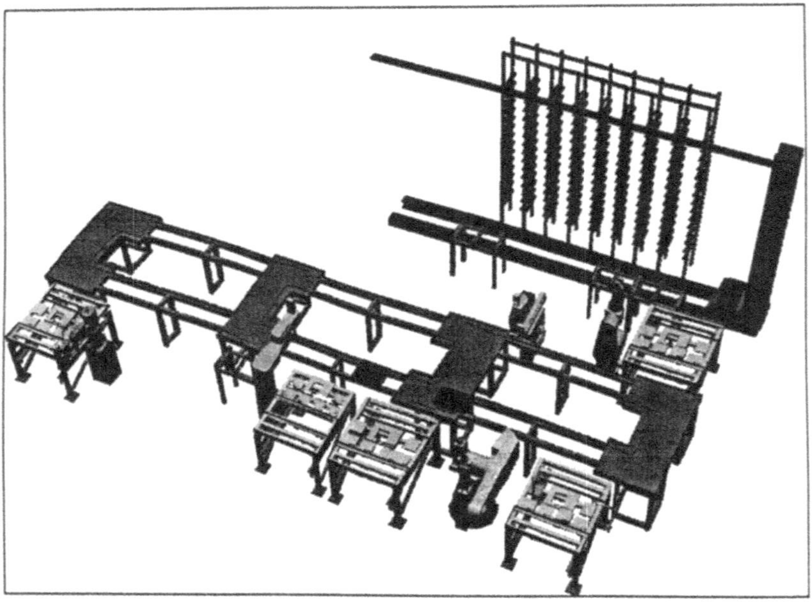

Bild 7-4: In der ersten Schicht unterstützt das System die Erfassung der Ist-Situation. Das Bild zeigt den starren Grundaufbau der Montageanlage.

Zu diesem frühen Zeitpunkt liegt natürlich noch keine detaillierte Information über das Produkt vor. Pflichtenheft, handschriftliche Skizzen und eventuell eine textuelle Spezifikation der Funktionen sollten allerdings verfügbar sein, damit sich der Planer eine ungefähre Vorstellung von Form und Funktion des Produktes machen kann.

Ein Schwerpunkt in dieser Schicht ist die ausführliche Analyse der Ist-Situation. Dazu zählt die Erfassung des aktuellen Zustandes der eingesetzten Montagesysteme hinsichtlich Kapazität, Flexibilität und langfristiger Verfügbarkeit. Relevante personalspezifische Planungsdaten sind unter anderem die Anzahl, die Qualifikation und die Entlohnungsart der Mitarbeiter. Im idealisierten Unternehmen sollten diese Informationen ständig abrufbar sein. Im Beispiel wurde die bestehende Anlage bereits mit CosMonAut geplant und liegt deswegen in digitalisierter Form vor (Siehe Bild 7-4).

7.1.3.2 Zweite Planungsschicht - Produktstruktur ohne Geometrie

Die Synthese des Modells startet mit der Strukturstückliste und führt über den Montagevorranggraphen zum Montageablaufplan. Der Montageablaufplan bildet den Kristallisationskern für die weitere Modellbildung.

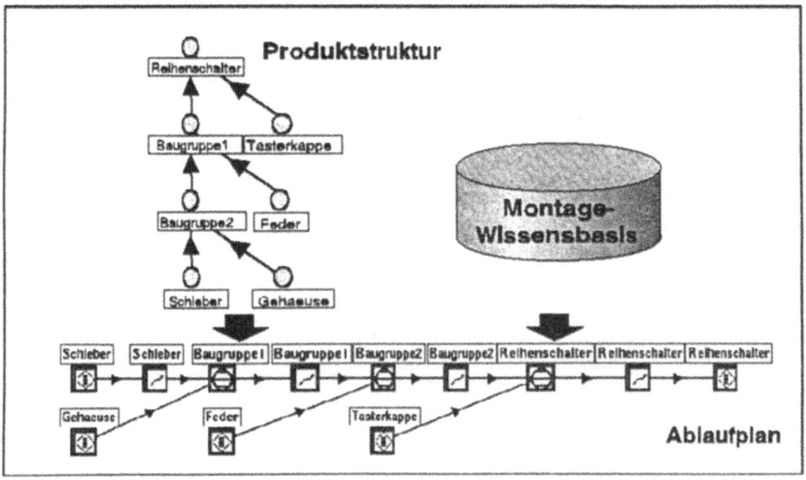

Bild 7-5: In der zweiten Schicht wird auf der Basis von Erfahrungswissen aus der Produktstruktur der Ablaufplan abgeleitet.

Die Produktstruktur kann in Form von Strukturstücklisten direkt aus dem CAD-System in das Planungssystem eingelesen werden. Daraufhin leitet der Montageplaner aus dieser Struktur einen vorläufigen Vorranggraphen ab, der die Reihenfolge der Fügeoperationen festlegt (Bild 7-5). Der vorläufige Vorranggraph resultiert aus der durch den Konstrukteur vorgegebenen Struktur, die die montagespezifischen Aspekte meist nicht im vollen Umfang abdeckt. Aus diesem Grund muß der Planer den Vorranggraphen nach und nach verbessern, sobald ihm entsprechende Produktgeometrien vorliegen. CosMonAut unterstützt diesen Optimierungsvorgang dadurch, daß einmal generierte Ergebnisse auch für neue Versionen des Anlagenmodells immer wieder aufgegriffen werden können.

Der Vorranggraph bietet die nötige Eingangsinformation zur automatischen Erzeugung eines Montageablaufplans. Dieser legt die Reihenfolge der in der VDI-RICHTLINIE 2860 festgelegten Funktionen wie zum Beispiel „Speichern", „Fördern" und „Fügen" fest. Einen von CosMonAut für den Reihenschalter erstellten Ablaufplan zeigt Bild 7-5. Der Materialfluß wird von links nach rechts dargestellt, so daß links die Einzelteile in den Montageprozeß einfließen und rechts das fertig montierte Endprodukt herauskommt.

Die einzelnen Vorgänge werden durch die den Funktionen zugeordneten Symbole dargestellt, die auch in der VDI-RICHTLINIE 2860 vereinbart wurden. Über den Symbolen wird das jeweils bearbeitete Bauteil genannt und unter dem Symbol sind die für diesen Vorgang nötigen Betriebsmittel aufgeführt (Siehe Bild 7-6). Der Erzeugung des Ablaufplans liegt eine Wissensbasis zugrunde, in die alle Planungsergebnisse eingehen. Sie enthält damit das gesammelte Erfahrungswissen. Beim automatischen Erzeugen des Ablaufplans wird es dem Planer ermöglicht, auf die Ergebnisse vorangegangener Projekte zuzugreifen. Er kann so bereits verifizierte Teilprozeßketten verwenden und muß diese nur noch an die besonderen Erfordernisse des aktuellen Planungsproblems anpassen.

In diesem frühen Stadium macht es keinen Sinn, mit der Konstruktion von produktspezifischen Betriebsmitteln zu beginnen. Für eine erste Kostenabschätzung ist es allerdings hilfreich, die für die Montage notwendigen Ressourcen zu erfassen, auch wenn man ihre Geometrien noch nicht kennt. Produktneutrale Standardbetriebsmittel können zu jedem Planungszeitpunkt samt ihrer Geometrien und Kosteninformation der Datenbank entnommen werden.

7.1.3.3 Dritte Planungsschicht - Einzelgeometrien

Die dritte Planungsschicht wird bearbeitet, wenn dem Planer Einzelgeometrien vorliegen. Im betrachteten Beispiel könnte die Geometrie des Schiebers untersucht werden, ob für sie geeignete Werkstückträger verfügbar sind. Je nachdem, ob ein Werkstückträger im Unternehmen zur Verfügung steht, auf dem Markt erhältlich ist, ob es durch Variantenkonstruktionen automatisiert erzeugt oder komplett neu konstruiert werden muß (Bild 7-6), kann der Planer dem Konstrukteur eine entsprechende Rückmeldung geben. Der Konstrukteur wird dann gegebenenfalls überprüfen, ob nicht durch entsprechende Umgestaltung des Produktes ein kostengünstigerer Werkstückträger eingesetzt werden kann.

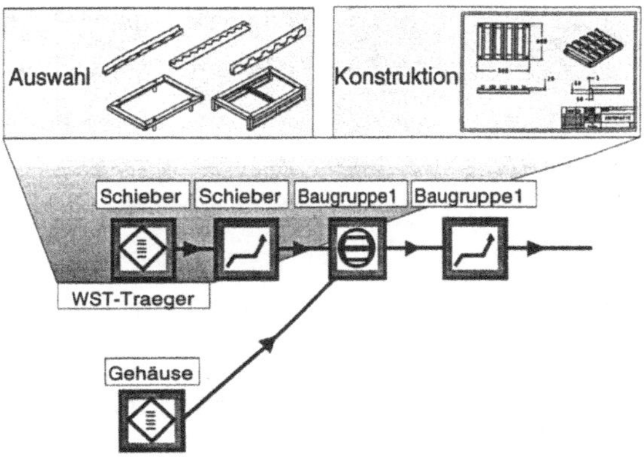

Bild 7-6: Der Ablaufplan wird um den ausgewählten beziehungsweise neu generierten Werkstückträger ergänzt.

Darüber hinaus erhält der Planer mit der Bestimmung des produktspezifischen Werkstückträgers ein weiteres Planungsergebnis, das nach der herkömmlichen Vorgehensweise zu diesem sehr frühen Zeitpunkt noch nicht vorliegen würde.

7.1.3.4 Vierte Planungsschicht - Zusammenbauzeichnungen

Liegen fertig konstruierte Baugruppen, wie hier die Baugruppe aus Schiebern und Gehäuse, vor, kann der Planer über die integrierte Datenhaltung auf diese zugreifen um zum Beispiel Fügefähigkeitsanalysen durchzuführen. Das Montageplanungssystem ist dazu mit dem 3D-Simulationssystem AnySim gekoppelt (FELDMANN U.A. 1995). Füge- bzw. Zugänglichkeitsprobleme (siehe Bild 7-7) können so erkannt und entweder gleich vom Montageplaner behoben oder an die Konstruktion zurückgemeldet werden.

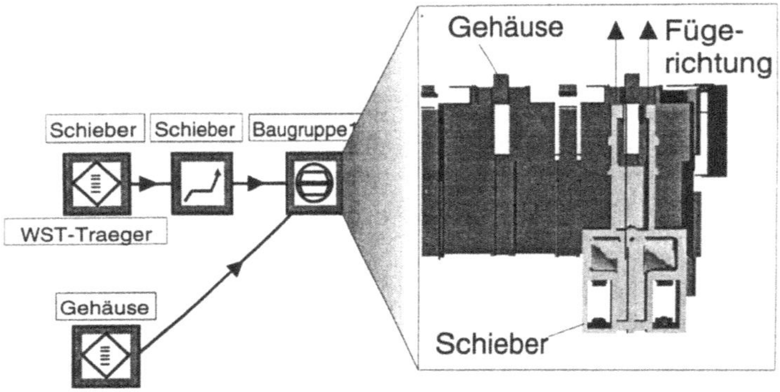

Bild 7-7: Der Planer untersucht die Fügefähigkeit einer Bauteilpaarung im 3D-Simulationssystem.

Darüber hinaus muß jetzt der schon erstellte Ablaufplan an die sich aus der Zusammenbauzeichnung neu ergebenden Randbedingungen angepaßt werden. Wenn die für die spezifischen Einzelgeometrien nötigen Betriebsmittel vorliegen, kann die räumliche Anordnung der Betriebsmittel durchgespielt werden.

Dieses Vorgehen ist nur unter der Voraussetzung sinnvoll, daß die hier erzielten Teilergebnisse sich in ein späteres Gesamtergebnis einfügen lassen. Diese Verträglichkeit wird durch das Montageplanungssystem erleichtert, indem es durch Konsistenztests redundante sich widersprechende Planungsergebnisse aufspürt und, falls es erforderlich ist, abgleicht. Zum Beispiel ist es möglich, die Positionen und Bewegungsabläufe einer Teilbetrachtung des Layouts automatisch in das spätere Gesamtlayout zu übernehmen.

Für die bereits geplanten Teilanordnungen können schon in dieser Planungsschicht im Falle der manuellen Montage im Simulationssystem MTM-Untersuchungen (Measure Time Method) vorgenommen werden (KUMMETSTEINER 1992, LINNER 1994). Für die automatische Montage werden in AnySim © erste Roboterprogramme Off-Line erzeugt, die später sogar als Grundbaustein für die reale Robotersteuerung Verwendung finden können (REINHART & FELDMANN 1995). In dieser Phase liegen somit schon sehr detaillierte Ergebnisse vor. Die Analyse kann deswegen verfeinerte Kostenkennwerte, die ersten simulierten Teilbereichstaktzeiten und MTM-Ergebnisse liefern. Darüber hinaus sind Aussagen über die Montierbarkeit des Produktes und über die Zugänglichkeit der Fügeräume unter Berücksichtigung der Betriebsmittelgeometrien möglich.

7.1.3.5 Fünfte Planungsschicht - Gesamte Produktgeometrie

Die fünfte Schicht der Planung beginnt, wenn sämtliche Geometrieinformationen über den Reihenschalter vorliegen. In der konventionellen Vorgehensweise würde zu diesem Zeitpunkt überhaupt erst mit der Planung begonnen. Bei der hier vorgestellten Vorgehensweise ist ein wesentlicher Teil der Planung bereits abgeschlossen. Die bisher erzielten Teilergebnisse können dank der Rechnertechnik ohne zusätzlichen Aufwand in das Gesamtergebnis einfließen.

Layoutplanung

Für die Layoutplanung benötigt das System die grundsätzliche Anordnung der Montageobjekte (Bauteile und Betriebsmittel) zueinander. Der Planer teilt dazu dem System mittels eines eigenen Eingabe-Editors (Siehe Bild 7-8) mit, welches Montageobjekt „auf" welchem „steht". Zum Beispiel ist der Greifer am Roboter. Der Schieber im Werkstückträger liegt auf der Palette, und diese ist auf dem Laststand plaziert (WOENCKHAUS 1994). Die Zuordnung kann natürlich für einzelne Stationen auch schon in Schicht drei oder vier erfolgen.

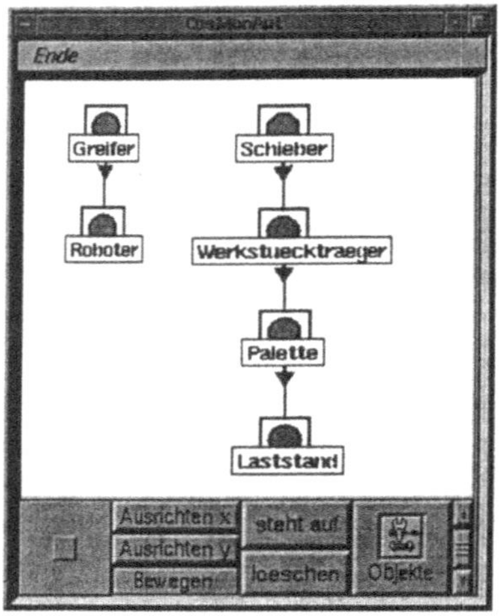

Bild 7-8: Für jede Teilaufgabe des Ablaufplans kann die Zuordnung „steht auf" zwischen zwei Montageobjekten neu definiert werden. Das Bild zeigt die für eine beispielhafte Laststandkonfiguration nötige Verknüpfung.

Für die Layoutgenerierung ist das 3D-Simulationssystem mit einem eigenen Modul ausgerüstet. Bei einem Aufruf erhält es vom CosMonAut-Integrationskern die Bauteil- und Betriebsmittelgeometrien und die gerade besprochene Zuordnung (siehe Bild 7-9).

Nach Fertigstellung des ersten Layoutentwurfs lassen sich die Bewegungsabläufe durchgängig planen. Dann kann mit den Analysemöglichkeiten des 3D-Simulationssystems das Layout hinsichtlich Taktzeit und Durchlaufzeit optimiert werden (ROßGODERER & WOENCKHAUS 1995). Im Regelfall wird der Planer Teilbereiche überarbeiten müssen und sich schrittweise einem optimalen Ergebnis annähern.

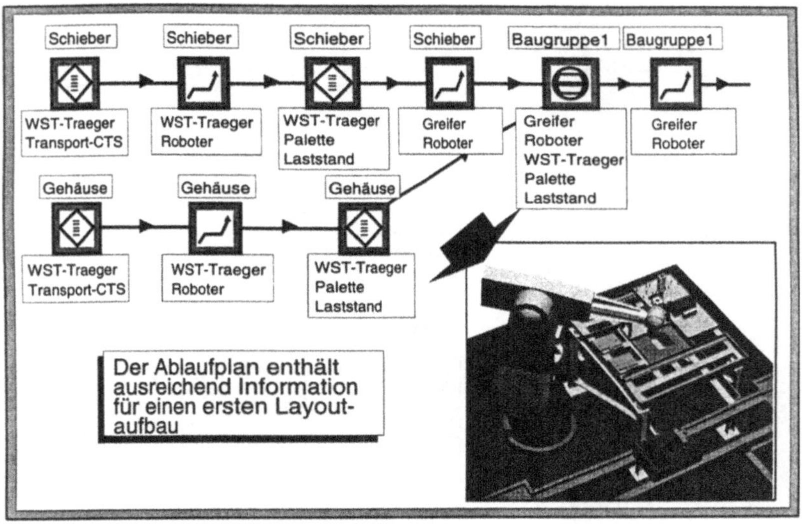

Bild 7-9: Die Information des Ablaufplans wird genutzt, um automatisiert einen Layoutvorschlag zu generieren.

Modellierung der Koordinationssteuerung

Die Modellierung der Koordinationssteuerung setzt nahtlos auf die vorangegangenen Planungsschritte auf. Sie ist nichts anderes als ein weiterer Schritt in Richtung Verfeinerung des Modells. Es wird exakt dasselbe Datenmaterial weiter bearbeitet, so daß die Algorithmen zur Kosten- und Zeitanalyse des Montageprozesses auch noch bei der Steuerung greifen können. Die Steuerungsmodellierung wird am gleichen Arbeitsplatz und mit der gleichen Benutzeroberfläche wie jede andere Planungsaufgabe ausgeführt. Die Planung fällt dadurch im Vergleich zum konventionellen Ansatz, bei dem die Entwicklung der Koordinationssteuerung unabhängig von der Planung durchgeführt wird, detaillierter aus. Im Gegenzug fällt aber die eigentliche Programmierung der Koordinationssteuerung weg.

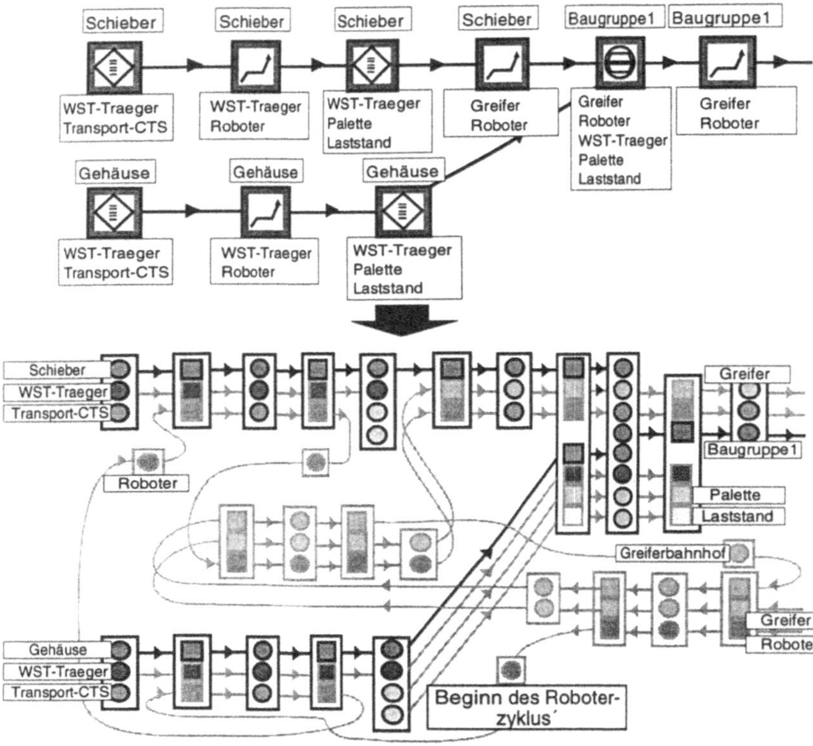

Bild 7-10: Das Petri-Netz zur Steuerung ist eine Detaillierung des Ablaufplans. Die im Bild hellgrauen Pfeile und hellgrau umrandeten Symbole wurden interaktiv ergänzt. Dadurch wurden die Arbeitszyklen von Roboter, Greifer und Greiferbahnhof modelliert.

Die Modellierung der Zellensteuerung mit CosMonAut erfolgt graphisch interaktiv. Der Montageplaner läßt sich dazu das Montageprozeßmodell nicht als Ablaufplan mit der VDI-Symbolik sondern als das aus Kapitel 5 bekannte, zugrundeliegende Petri-Netz anzeigen. Er hat dann die Möglichkeit, den bisher ausschließlich am Materialfluß ausgerichteten Ablaufplan, um die in der Regel zyklischen Abläufe der Betriebsmittel zu ergänzen.

In Bild 7-10 wird dies exemplarisch gezeigt. Die schwarzen Pfeile und die schwarz umrandeten Symbole sind die Information aus dem oben abgebildeten Ablaufplan. Die hellgrauen Pfeile und die hellgrau umrandeten Symbole wurden ergänzt. Der Roboter nimmt in seinem Arbeitszyklus zunächst den WST-Träger mit den Gehäusen vom CTS-Transportsystem und stellt ihn auf die Arbeitspalette auf dem Laststand. Dann macht er das gleiche mit dem Schieber-WST-Träger. Für den eigentlichen Fügevorgang benötigt er einen Greifer. Deswegen bewegt er sich als nächstes zum Greiferbahnhof, holt sich den Fügegreifer, holt den Schieber und setzt ihn in das auf dem Werkstückträger wartende Gehäuse ein. Danach führt der Roboter weitere Aktionen mit dem Greifer aus, auf die hier nicht näher eingegangen werden soll. Am Ende des Arbeitszyklus´ liefert der Roboter den Greifer wieder am Greiferbahnhof ab.

In Kapitel 5 „Konzept für Klassenschema" wurde die Möglichkeit vorgesehen, den einzelnen Prozeßschritten Funktionsbeschreibungen zuzuweisen. An dieser Stelle findet sich nun eine Anwendung für diese Datenstruktur. Der Anwender weist dem Petri-Netz interaktiv Funktionen zu, die an dieser Stelle ausgeführt werden sollen. Für die Zuordnung werden dem Planer die Methoden angeboten, die in der Klasse des mit der Stelle verbundenen Montageobjektes festgelegt sind (Bild 7-11). Diese Information erhält das Programm durch einen Zugriff auf das sogenannte Meta-Schema der zugrundeliegenden Datenbank.

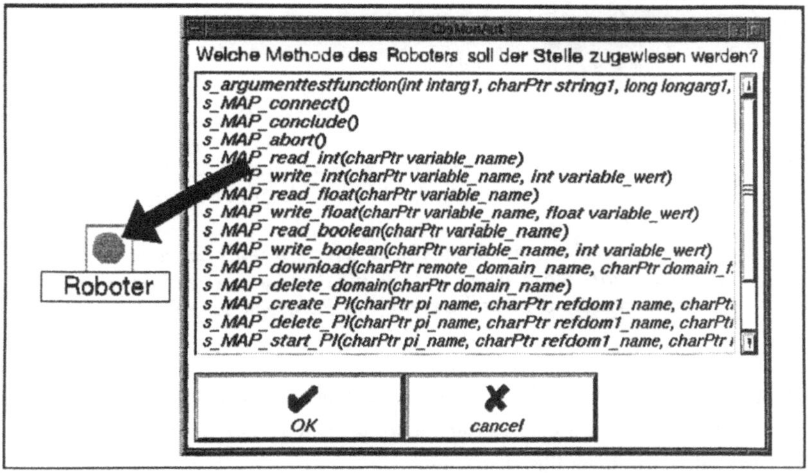

Bild 7-11: Die in einer Stelle vom Roboter auszuführende Methode kann graphisch interaktiv ausgewählt und der Stelle zugeordnet werden. Angeboten wird der Satz aller Methoden, die in der Klasse des mit der Stelle verbundenen Roboters deklariert wurden.

7.1.4 Analyse des Anlagenmodells

7.1.4.1 Kostenanalyse

Das Montageplanungssystem wurde mit der Fähigkeit versehen, die während der Montageplanung erzeugte Information hinsichtlich Montagestückkosten und Investitionskosten zu analysieren. Dadurch können Ansatzpunkte für eine Kostenoptimierung aufgespürt, alternative Montageplanungen nach Kostenaspekten verglichen werden. Darüber hinaus kann ständig überwacht werden, daß die zu erwartenden Kosten den Zielkorridor nicht verlassen.

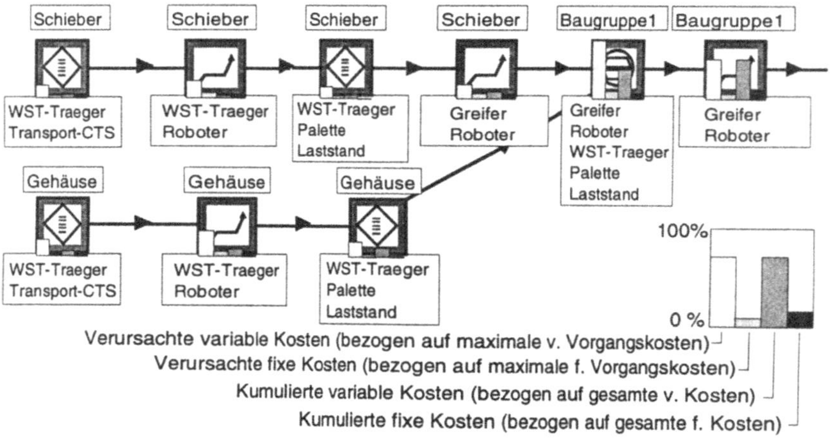

Bild 7-12: Die Kostenanalyse eines Beispielprozesses errechnet für jeden Prozeßschritt die dort entstandenen und die bis dort kumulierten Kosten (jeweils fix und variabel). Die Anzeige erfolgt in Form von Balken.

Als Eingangsinformation wird das während der Montageplanung ohnehin erstellte rechnerinterne Abbild der Montageanlage benötigt. Das System wurde so angelegt, daß weitgehend auf zusätzliche Eingaben verzichtet werden kann. Falls aber zum Beispiel vom Konstrukteur keine Materialkosten, oder vom Betriebsmittelkonstrukteur für neue, nicht standardmäßige Betriebsmittel keine Kosten veranschlagt wurden, kann dies jederzeit nachgetragen werden. Ansonsten werden alle Daten aus der angeschlossenen Datenbank entnommen. Betriebswirtschaftlichen Eckgrößen, wie zum Beispiel der Wiederanlagezins oder die prognostizierte Kostensteigerung, sind zwar auch in der Datenbank abgelegt sollten aber ständig aktualisiert werden.

Die wesentlichen Ergebnisse der kombinierten Kostenrechnung sind:

- fixe und variable Herstellkosten pro Stück aufgeschlüsselt nach Prozeßschritten
- Kapitalwert der Anlage
- Baldwin Zins
- Amortisationszeit

In Bild 7-12 wird anhand des Reihenschalters gezeigt, wie das Ergebnis der Kostenanalyse dargestellt wird. Für jeden einzelnen Schritt des Montageablaufes werden jeweils variable und fixe Herstellkosten pro Stück ermittelt. Die fixen Kosten werden mittels der von der Taktzeit abhängigen Stückzahl auf das einzelne Stück umgelegt. Kapitalwert, Baldwin Zins und Amortisationszeit beziehen sich dagegen auf die gesamte Montageanlage und unterstützen den Planer bei der Entscheidung zwischen Anlagenalternativen (Bild 7-13).

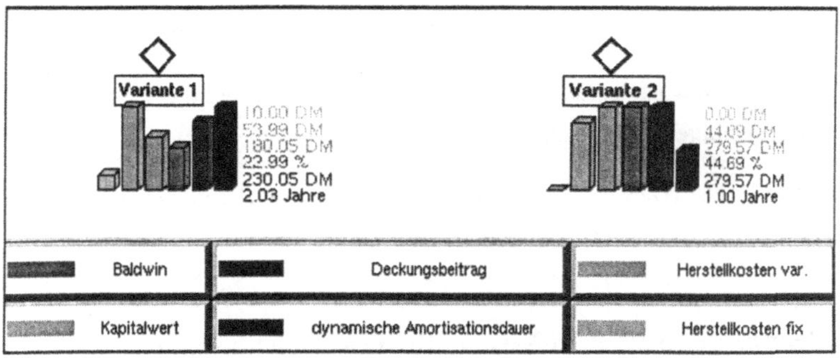

Bild 7-13: Das Bild zeigt den Vergleich zweier Montageanlagen anhand von Kostenkennwerten. Die Kennwerte werden hier in Form von Balken dargestellt.

7.1.4.2 Zeitanalyse

Das dem Montageplanungssystem zugrundeliegende Prozeßmodell wurde so konzipiert, daß es für einfache Fragestellungen als Ablauf-Simulationsmodell dienen kann. Auf diese Weise wird sowohl Zeit- und Personalaufwand zur Generierung eines eigenen Simulationsmodells, als auch Datenredundanz vermieden. Außerdem wird eine homogenere Programmlogik erreicht, die es zum Beispiel erlaubt, daß bei der Kostenrechnung mit den Stückzahlen gerechnet wird, die sich aus den durch Simulation gewonnenen Taktzeiten ergeben.

Das heißt, daß der Montageplaner Verbesserungen im zeitlichen Verhalten des Montagesystems sofort auch an der besseren Wirtschaftlichkeit ablesen kann. Der Montageplaner muß sich dabei um die Durchführung der Simulation nicht eigens kümmern. Dies bietet ihm eine effiziente Basis für eine Optimierung des Planungsergebnisses nach Kostengesichtspunkten.

Eingangsinformationen sind die in der 3D-Simulation ermittelten Zeiten der Einzelprozesse. Das System bietet in der jetzigen, prototypenhaften Ausbaustufe folgende Ergebnisse an:

- Taktzeit (Dies ist der Zeitabstand zwischen dem Fertigwerden zweier Endprodukte.)
- Durchlaufzeit (Dies ist die Zeit, die ein Produkt im Montageprozeß verbringt.)
- kritischer Pfad (Dies ist der längste Weg durch die Montage, der die Gesamtdurchlaufzeit der Montageanlage bestimmt.)
- taktgebender Punkt (Dies ist der Vorgang, der die Gesamttaktzeit der Montageanlage bestimmt.)

7.1.4.3 Interpretation des Petri-Netzes für die Ablaufsteuerung

Eine weitere Funktionalität ist die Analyse des Steuerprogramms. Sie ist ebenfalls in die Benutzeroberfläche integriert. Der Programmlauf kann dabei schrittweise durchgespielt werden. Eine Weiterentwicklung des Systems könnte es ermöglichen, daß die Steuerung zunächst durch Probeläufe mit der im Simulationssystem modellierten Zelle getestet wird. Wenn dies erfolgreich verläuft, sollte durch eine rein softwaretechnische Umadressierung der Steuerbefehle die reale Zelle angesteuert werden können.

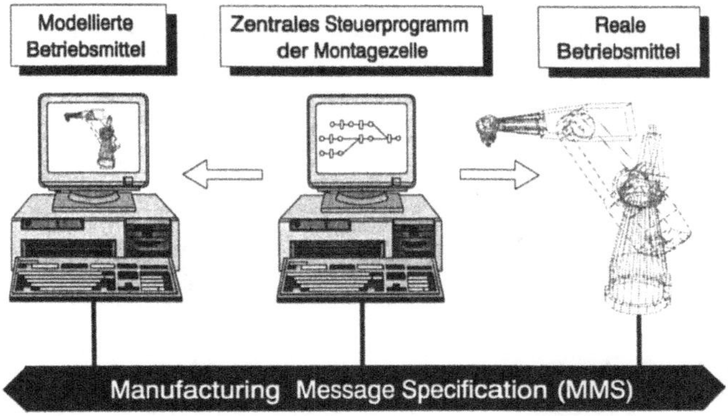

Bild 7-15: *Ein Ergebnis der Montageplanung ist das aus dem Montageablaufplan hervorgegangene Prozeßmodell, das als zentrales Steuerprogramm sowohl modellierte als auch reale Betriebsmittel steuern soll.*

7.2 Industrielle Anwendungen von CosMonAut

Das Planungssystems CosMonAut wurde bisher im Rahmen von Studienarbeiten zweimal zur Bearbeitung von industriellen Fragestellungen eingesetzt. In diesem Kapitel werden die Schwerpunkte des jeweiligen Einsatzes dargelegt und die Ergebnisse durch Abbildung der jeweils erstellten Anlagenmodelle dokumentiert.

7.2.1 Konzeptionierung von Automobilmontagestraßen

Der Schwerpunkt bei dieser Anwendung lag auf der Nutzung der Prozeßdatenbank des Systems. Der Automobilhersteller benötigte ein Verfahren zur schnellen Grobauslegung seiner Montagestraßen auf der Basis der Strukturstückliste (2. Planungsschicht). Als Ergebnis der Grobauslegung sollte ein Ablaufplan der Anlage und die zu erwartenden Investitionskosten ermittelt werden können.

Für die Lösung dieser Aufgabe war es zunächst nötig, die Prozeßdatenbank mit dem nötigen Wissen zu versehen - eine Aufgabe aus der ersten Planungsschicht. Montageabläufe und die jeweils verwendeten Betriebsmittel und ihre Investitionskosten wurden zusammengetragen. Die Abläufe wurden so aufgegliedert, daß jedem zu fügenden Bauteil spezifische Teilabläufe zugeordnet werden konnten. Für jedes Bauteil wurden dabei Abläufe mit unterschiedlichem Automatisierungsgrad und den dazugehörigen

Betriebsmitteln zusammengestellt. Insgesamt wurden 110 Standardabläufe für 50 Bauteile aufgestellt.

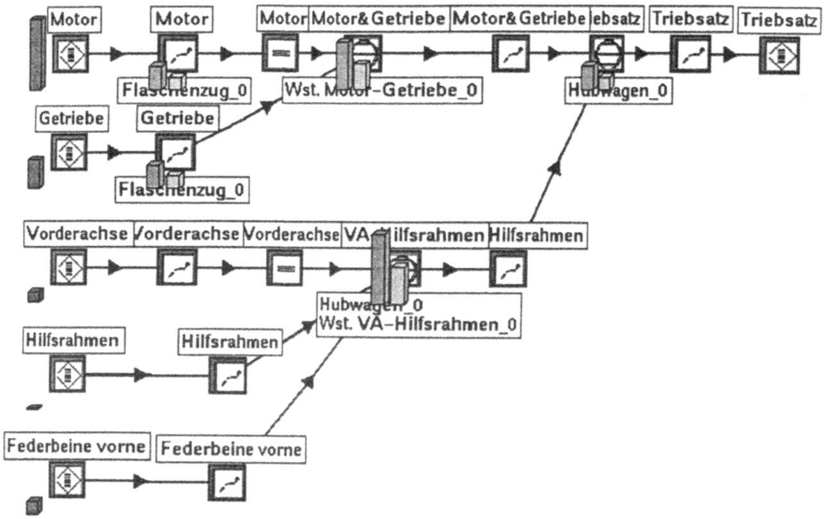

Bild 7-16: Ein unter Nutzung der Montageprozeßbibliothek generierter und hinsichtlich Kosten analysierter Montageablaufplan

Mit der gefüllten Prozeßbibliothek konnten daraufhin, als die Strukturstückliste vorlag, in kurzer Zeit umfassende Montageabläufe, die bereits die benötigten Betriebsmittel enthalten, zusammengestellt werden. Das Vorhandensein der Betriebsmittelkosteninformation in der Datenbank bietet dann die Grundlage zur Ermittlung der Investitionskosten, wie sie in Kapitel 6 schon vorgestellt wurde. Bild 7-17 zeigt einen der mit dem System generierten Montageabläufe.

Diese Anwendung ist ein Beispiel dafür, wie bereits in der zweiten Planungsschicht wesentliche Planungsergebnisse erzielt werden können. Sie setzt allerdings sorgfältige Vorarbeit zur Erstellung einer geeigneten Wissenbasis in der ersten Planungsschicht voraus. Selbstverständlich kann der weitere Planungsprozeß nun auf diese Ergebnisse aufbauen und mit der Detaillierung des Ablaufplanes fortfahren.

7.2.2 Entwurf einer Automobil-Lenksäulenmontage

Diese Anwendung hatte das Ziel, die komplette Planung einer Anlage zur Montage von Automobil-Lenksäulen mit 70 Einzelteilen durchzuführen. Hier lagen als Eingangsinformation allerdings bereits die gesammelten Produktinformationen, sowie ein Beispielbauteil vor. Obwohl bei diesem Projekt die Vorteile der Schichtenplanung nicht untersucht werden konnten, bot sich doch die Möglichkeit, das System hinsichtlich seiner Einsatzfähigkeit bei einem komplexen Produkt zu untersuchen.

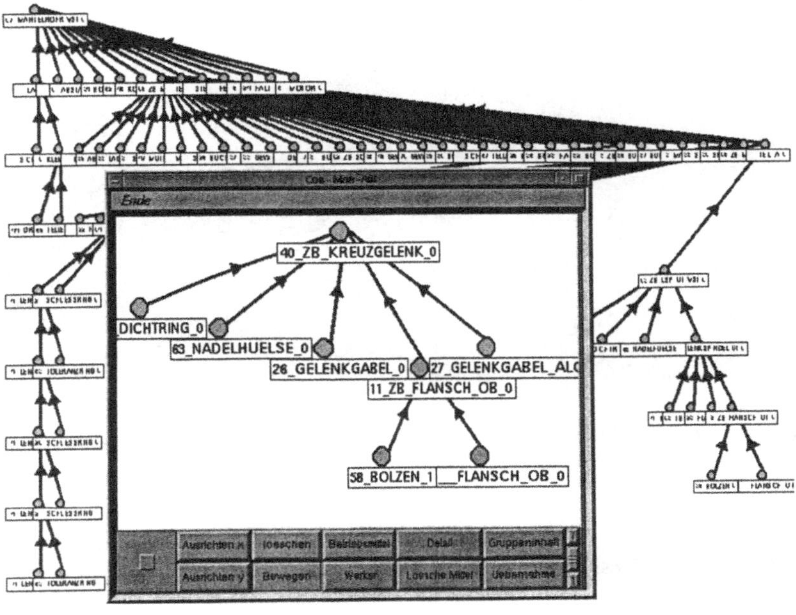

Bild 7-17: Die Produktstruktur und eine Detailbetrachtung einer Baugruppe

Die Komplexität von Produktstruktur und Montageablauf erforderte die Entwicklun von Mechanismen zur Ausblendung der Komplexität (vgl. Bild 7-17). Das Planungs system wurde deswegen in die Lage versetzt, Strukturen auf beliebig vielen Abstraktionsebenen darzustellen. Ablaufschritte der Lenksäulenmontage können zu Gruppen zusammengefaßt werden, wobei die im CosMonAut integrierten Algorithmen zur Kostenanalyse in der Lage sind, die für die einzelnen Ablaufabschnitte anfallenden Kosten zusammenzufassen und entsprechend auf die Gruppe zu übertragen.

Die Planung mit CosMonAut führte zu einer manuellen Montageanlage mit vier Montagestationen. Das Ergebnis der Planung wird in Bild 7-18 in der 3D-Darstellung des AnySim-Systems © gezeigt.

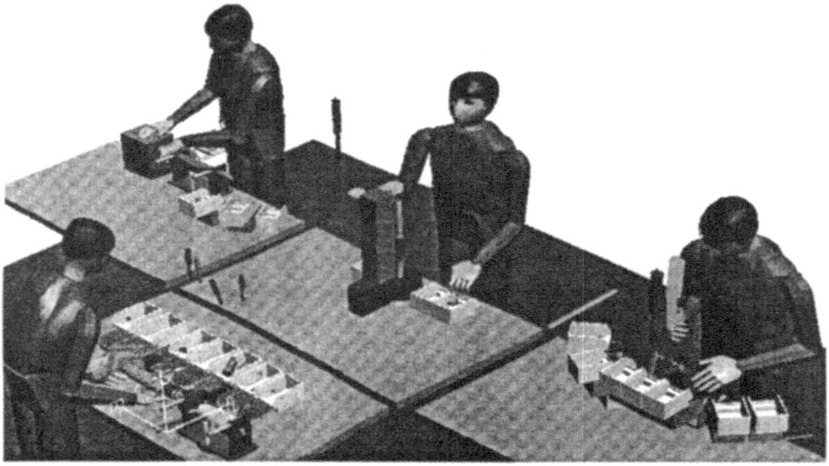

Bild 7-18: Die Lenksäulenmontage wird auf vier Arbeitsstationen durchgeführt.

7.3 Zusammenfassung

Das Ziel dieses Kapitels ist die Verdeutlichung der Anwendung von Planungsmethode und Montageplanungssystem. Anhand eines durchgängigen Beispiels wird gezeigt, wie problembezogene Vorgehenspläne für die fünf Schichten der Planung entwickelt werden, und wie das Planungssystems CosMonAut innerhalb der Schichten eingesetzt wird. Zum Abschluß werden zwei industrielle Anwendungen des Planungssystems vorgestellt.

8 Zusammenfassung

Die Vielfalt von Teilaufgaben im Montageplanungsbereich stellt hohe Anforderungen an den Planer. Der Wettbewerbsfaktor Zeit macht darüber hinaus ein frühzeitiges Einsetzen und eine schnelle Abwicklung der Montageplanung unabdingbar. Hieraus leitet sich Handlungsbedarf für eine verbesserte Unterstützung des Planers ab.

Die in der Literatur vorgeschlagenen Planungsmethoden sind umfangreich und hinsichtlich einzelner Aufgaben sehr detailliert. Der Aspekt der Integration mit der Konstruktion wird allerdings nur am Rande berührt, und die Frage, wie die einzelnen Planungsschritte aufeinander aufbauen und zusammenspielen, bleibt meist unbeantwortet.

Das Ziel dieser Arbeit war deswegen die Entwicklung einer Methode für ein durchgängiges rechnergestütztes Vorgehen des Montageplaners, das eine optimale Abstimmung mit der Vorgehensweise des Konstrukteurs ermöglicht.

Die Planungsmethode orientiert sich an den Abhängigkeiten zwischen den einzelnen Planungsschritten und den für ihre Durchführung erforderlichen Konstruktionsergebnissen. Im Unterschied zu bisherigen Ansätzen ergibt sich dadurch eine Methode, in der Planungsschritte nicht sequentiell aneinandergereiht werden, sondern entsprechend ihrer Abhängigkeit von Konstruktionsergebnissen und anderen Planungsergebnissen geordnet sind (Siehe Bild 8-1).

Die Durchgängigkeit der Planung wird dadurch gewährleistet, daß die Ergebnisse der einzelnen Planungsschritte zusammengenommen ein rechnerinternes Abbild der Montageanlage ergeben. Das Ergebnis eines einzelnen Planungsschrittes muß deswegen die Ergebnisse der anderen Planungsschritte zwangsläufig miteinbeziehen.

Die Umsetzung dieser Methode erfordert die Ausschöpfung der Möglichkeiten moderner Rechnertechnik. Mittels eines im Computer aufgebauten Modells der Montageeinrichtung können deren Eigenschaften, wie zum Beispiel Kosten, Zeiten, Geometrien, Dynamik etc., schon während der Planung analysiert werden.

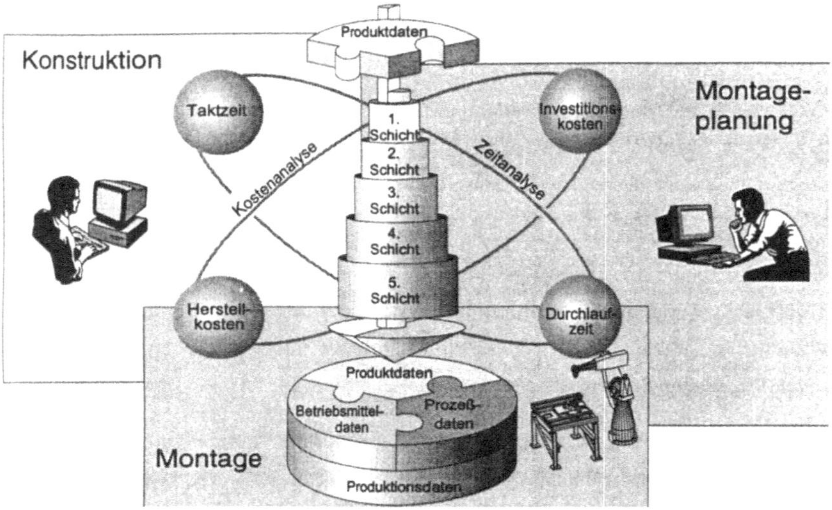

Bild 8-1: Die Methode beschreibt ein integriertes Vorgehen von Konstruktion und Montageplanung, das unter Einsatz des Planungssystems CosMonAut im Ergebnis zu einem redundanzfreien Datenmodell der Montageanlage führt.

Für die Realisierung von derartigen Modellen war die Entwicklung eines entsprechenden Datenschemas notwendig. Deswegen wurde unter Einbeziehung der Forschungsergebnisse aus der Produkt- und der Prozeßmodellierung ein Datenschema ausgearbeitet, das Produkt-, Betriebsmittel- und Prozeßdaten vereint und sowohl für die Planung als auch für die Steuerung der Anlage verwendet werden kann.

Darauf aufbauend wurde ein Rechnerprogramm konzipiert und prototypisch umgesetzt, das den Planer bei der methodischen Montageplanung unterstützt. Die prinzipielle Tauglichkeit des Prototypen konnte an zwei Problemstellungen aus der Praxis verifiziert werden

Das Ergebnis dieser Arbeit ist damit eine Methode zur integrierten rechnergestützten Montageplanung.

9 Literatur

ABELS 1993

Abels, S.: Modellierung und Optimierung von Montageanlagen in einem integrierten Simulationssystem. München: Hanser, 1993. (Fertigungstechnik - Erlangen 37).

AGGTELEKY 1987

Aggteleky, B.: Fabrikplanung - Werksentwicklung und Betriebsrationalisierung (Band 1). München: Carl Hanser, 1987.

AMANN&HARTBERGER 1990

Amann,W.; Hartberger, H.: Produktionssysteme modellieren und simulieren. ZWF 85 (1990) 7, S. 348-351.

ANDERL 1992

Anderl, R.: STEP - Schritte zum Produktmodell. CAD-CAM Report 11 (1992) 8.

ANDREASEN U. A. 1985

Andreasen, M. M.; Kähler, S.; Lund, T.: Montagegerechtes Konstruieren. Berlin: Springer 1985.

BARTHELMEß 1987

Barthelmeß, P.: Montagegerechtes Konstruieren durch die Integration von Produkt- und Montageprozeßgestaltung. Berlin: Springer 1987.

BECKER 1991

Becker, B.-D.: Simulationssystem für Fertigungsprozesse mit Stückgutcharakter. Berlin: Springer, 1991. (Stuttgart: Dissertation IPA 312).

BINGER & RICHTER 1991

Binger, G.; Richter, T.: Prozeßbezogene Simulation zur Ablaufplanung von Montageprozessen. Fertigungstechnik und Betrieb 41 (1991) 7.

BLOHM & LÜDER 1991

Blohm, H.; Lüder, K.: Investition. München: Vahlen, 1991.

BOOCH 1991

Booch, G.: Object Oriented Design with Applications. Englewood Cliffs: Prentice Hall, 1991.

BOOTHROYD & DEWHURST 1987

Boothroyd, G.; Dewhurst, P.: Product Design for Assembly. Massachusetts: Boothroyd and Dewhurst Inc. 1987.

BULLINGER &SEIDEL 1989

Bullinger, H.; Seidel, U. A.: Rechnergestützte Planung und Bewertung des Montageablaufs. Industrieanzeiger 111 (1989) 36, S. 18-33.

BULLINGER & LUNG 1994

Bullinger, H.; Lung, M.: Planung der Materialbereitstellung. Stuttgart: B. G. Teubner, 1994.

BULLINGER U.A. 1986

Bullinger, H. J. (Hrsg.); Ammer, D.; Dungs, K.; Seidel, U.A.; Weller, B.: Systematische Montageplanung. In: Handbuch für die Praxis/ REFA. München: Carl Hanser 1986.

CHEN 1976

Chen, P.P.: The Entity Relationship Model: Towards an unified view of data. ACM Transactions on Database-Systems 1 (1976) 1, S. 9-36.

CIM-OSA 1987

CIM-OSA: Reference Architecture Specification. ESPRIT Projekt Nr. 688. Brüssel: AMICE-Consortium 1987.

CIM-OSA-PROJEKT 1991

CIM-OSA: Reference Architekture Specification. AD 1.0. Brüssel: ESPRIT-AMICE-Consortium 1991.

COAD 1991

Coad, P.: OOA: Object Oriented Analysis. Englewood Cliffs: Prentice Hall, 1991.

COAD & YOURDON 1991

Coad, P.; Yourdon, E.: Object Oriented Design. Englewood Cliffs: Prentice Hall, 1991.

CUTLAND 1980

Cutland, N.: Computability. Cambridge: Cambridge University Press 1980.

DANGLMAIER&ANDERL 1992

Danglmaier, W.; Anderl, R.: Visionen einer datengetriebenen Fabrik. Berlin: Springer, 1992.

DELTA 1996

Delta Industrie Informatik GmbH; ERGOPlan - Software-Werkzeuge für das Simultane Industrial Engineering. Fellbach: Firmenschrift 1996.

DEUTSCHLÄNDER 1989

Deutschländer, A.: Integrierte rechnerunterstützte Montageplanung. München: Carl Hanser, 1989.

DELCHAMBRE 1992

Delchambre, A.: Computer-aided Assembly Planning. London: Chapman & Hall 1992.

DIN 40700

DIN 40700:

DIN 40719T

DIN 40719T Schaltungsunterlagen: Regeln und Graphische Symbole für Funktionspläne / Teil 7. Berlin: Beuth XXXX.

DIN 66001

DIN 66001: Informationsverarbeitung: Sinnbilder für Datenfluß und Programmablaufpläne. Berlin: Beuth 1987.

DIN 66241

DIN 66241. Informationsverarbeitung: Entscheidungstabellen, Beschreibungsmittel. Berlin: Beuth 1979.

DIN ISO 9000

DIN ISO 9000: Qualitätsmanagement- und Qualitätssicherungsnormen; Leitfaden zur Auswahl und Anwendung. Berlin: Beuth 1990.

EHRLENSPIEL 1985

Ehrlenspiel, K.: Kostengünstig konstruieren. Berlin: Springer, 1985.

EHRLENSPIEL ET AL. 1988

Ehrlenspiel, K. et al.: Konstruktionslehre II. Vorlesungsskript. München: Eigenverlag 1988.

EHRLENSPIEL & MILBERG 1993

Ehrlenspiel, K.; Milberg, J.; Schuster, G.; Wach, J.: Rechnerintegrierte Produktkonstruktion und Montageplanung. CIM Management 9 (1993) 2, S. 23-28.

EHRLENSPIEL 1995

Ehrlenspiel, K.: Integrierte Produktentwicklung: Methoden für Prozeßorganisation, Produkterstellung und Konstruktion. München: Hanser, 1995.

ELMASRI&NAVATHE 1989

Elmasri, R.; Navathe S.: Fundamentals of Database Systems. Redwood City: The Benjamin/Cummings, 1989.

EVERSHEIM U. A. 1989

Eversheim, W.; Wiegershaus, U.; Schönheit, M.: Wirtschaftlichkeit bei flexibler Fertigung. Industrie Anzeiger 111 (1989) 100, S. 36-38.

EVERSHEIM 1989

Eversheim, W.: Organisation in der Produktionstechnik, Bd. 3. Düsseldorf: VDI 1989.

FAMOS EUREKA 1987

FAMOS EUREKA Project EU 72: Preliminary study report on European collaboration in the field of flexible automated assembly systems. London: Department of Trade and Industry 1987.

FELDMANN & REINISCH 1992

Feldmann, K.; Reinisch, H.: Wissensbasierte Planungswerkzeuge in der automatisierten Montage. In: pa Produktionsautomatisierung 1 (1992), S. 25-29.

FELDMANN 1992

Feldmann, K. (Hrsg.); Bey, I. (Hrsg.): Montageplanung in CIM. Berlin: Springer, 1992.

FELDMANN 1994A

Feldmann, Ch.: Ein unternehmensübergreifendes Klassendiagramm - Vorausetzung für das Simultaneous Engineering. CIM-Managment 10 (1994) 1, S. 52-56.

FELDMANN 1994B

Feldmann, Ch.: Modellbasierte Montageplanung. Sonderpublikation: Die Neue Fabrik (1994) Landsberg: mi 1994, S. 74-75.

FELDMANN U. A. 1995

Feldmann, Ch.; Loferer, M.; Meitinger, T.; Roßgoderer, U.: Werkzeuge für die Montageplanung. In: Bender u. a.: Sonderforschungsbereich 336 - Montageautomatisierung durch Integration von Konstruktion und Planung, München. München: TU-München Eigenverlag 1995.

FELDMANN & CUIPER 1995

Feldmann, Ch.; Cuiper, R.: Simultaneous Engineering bei der Montageplanung. München: Herbert Utz Wissenschaft 1995.

FRANKENHAUSER 1991

Frankenhauser, B.: Planung flexibler Montagesysteme. TECHNICA 24 (1991) 14..

GÄLWEILER 74

Gälweiler; Unternehmensplanung - Grundlage und Praxis. Frankfurt: Herder und Herder, 1974.

GERLACH 1989

Gerlach, H.H.; Rickert, M.; Rosenbaum, M.: Wirtschaftlichkeitsbetrachtung flexibler Fertigungsstrukturen in der Praxis. VDI-Z 131 (1989) 3.

GÖTZE & BLOECH 1993

Götze, U.; Bloech, J.: Investitionsrechnung. Berlin: Springer, 1993.

GÖTZ 1991

Götze, R.: Strukturierte Planung flexibel automatisierter Montagesysteme für flächige Bauteile. Berlin: Springer, 1991.

GRABOWSKI U. A. 1989A

Grabowski, H.; Anderl, R.; Schilli, M.: STEP-Entwicklung einer Schnittstelle zum Produktdatenaustausch. VDI-Z (1989) 9, S.68-76.

GRABOWSKI U. A.1989B

Grabowski, H.; Langholy, G., Rude, S.: 25 Jahre CAD in Deutschland - Standortbestimmung und notwendige Entwicklungen. VDI-Berichte 993. Düsseldorf: VDI 1992.

GROB & HAFFNER 1982

Grob, R.; Haffner, H.: Planungsleitlinien Arbeitstrukturierung . Berlin: Siemens AG 1982.

GROHA 1988

Groha, A.: Universelles Zellenrechnerkonzept für flexible Fertigungssysteme. Berlin: Springer, 1988.

HAUSKNECHT&GROTH 1989

Hausknecht, M.; Groth, U.: Kostenrechnung mit Personal-Computern für Flexible Fertigungsanlagen, In: Werkstattechnik wt - Zeitschrift für industrielle Fertigung 122 (1989) 10.

HECHL 1994

Hechl, C.: Personalorientierte Montageplanung für komplexe und variantenreiche Produkte. Berlin: Springer 1995. (iwb-Forschungsberichte Nr. 92)

HUTSCHENREUTER U.A. 1992

Hutschenreiter, U; Liebschner, B.; Schuster, G.: Benutzerschnittstellen für die Montageplanung. TECHNICA 25 (1992), S. 31-34.

ISO 103141 1989

ISO TC/184/SC5/WG1: Proposition for a Technical Rteport ISO/TR 10314 Part 1: ISO Reference Model for Shop Floor Production Standards : Part 1 : A Reference Model for Standardisation and Methodology for Identification of Standards Requirements. Wahsington DC, USA: ISO, ANSI-NEMA, 1989 (N147).

ISO 10303 1994

N.N.: EXPRESS Language Reference Manual, ISO-10303-11, 1994.

KUHN 1987

Kuhn, A.: Stand der Simulation in der Fertigungstechnik und Entwicklungstendenzen. In: Kuhn, A. (Hrsg.): Simulationstechnik. Berlin: Springer 1987, S. 2-27.

KUMMETSTEINER 1992

Kummetsteiner, G.: Planung manueller Arbeitssysteme mit 3D-Simulation. pa Produktautomatisierung 2 (1992), S.34 - 37.

LINDEMANN 1993

Lindemann, U.: Der Konstrukteur - im Mittelpunkt des Unternehmens? In: VDI-Bericht 1037 - Tagung: Zeit- und Kostenmanagement in der Konstruktion, Mannheim. Düsseldorf: VDI-Verlag 1993.

LINNER 1994

Linner, S. u. a.: Simulieren geht über Probieren. In: Sonderpublikation: Die neue Fabrik. München: mi 1994.

LÖHR 1976

Löhr, H.: Eine Planungsmethode für automatische Montagesysteme - Dissertation TU-Stuttgart. Stuttgart: Krausskopf, 1976.

LOTTER 1982

Lotter, B.: Arbeitsbuch der Montagetechnik. Mainz: Vereinte Fachverlage Krauskopf Ingenieur Digest GmbH, 1982.

LOTTER 1986

Lotter, B.: Wirtschaftliche Montage. Ein Handbuch für Elektrotechnik, Bau- und Feinwerktechnik. Düsseldorf: VDI-Verlag, 1986.

LOTTER 1987

Lotter, B.: Planung und Aufbau von flexiblen Montageanlagen am Beispiel der Feinwerktechnik, Elektro-Gerätebau. Werkstattechnik wt - Zeitschrift für Industrielle Fertigung 77 (1987) 12.

LUZCAK 1986

Luczak, H.: Manuelle Montagesysteme. In: Spur, G. (Hrsg.): Handbuch der Fertigungstechnik, Band 5. Wien: Carl Hanser 1986, S. 620-682.

MARTIN & ODELL 1992

Martin, J.; Odell, J.: Object-Oriented Analysis and Design. Englewood Cliffs: Prentice Hall, 1992.

MASING 1994

Masing, W.: Handbuch Qualitätsmanagement. München: Hanser 1994.

MERTENS 1991

Mertens, E.: Der Nutzen von STEP für die CAD/NC-Kopplung. CIM-Management 91 (1991) 3, S. 37-42.

MERTINS U. A. 1994

Mertins, K.; Süssenguth, W.; Jochem, R.: Modellierungsmethoden für rechnerintegrierte Produktionsprozesse: Unternehmens-modellierung, Softwareentwurf, Schnittstellendefinition, Simulation. München: Hanser, 1994.

MERZ 1987

Merz, K. P.: Entwicklung einer Methode zur Planung der Struktur automatisierter Montagesysteme. Dissertation RWTH Aachen, 1987.

MILBER 1988

Milberg, J.: Wettbewerbsvorteile durch Stärkung der Integration. In: Milberg, J.: Wettbewerbsvorteile durch Stärkung der Integration, München. Berlin: Springer 1988, S. 1-30.

MILBERG&SCHMIDT 1988

Milberg, J; Schmidt, M.: Kalkulieren in der Konzeptphase. Montage 2 (1988), S. 8-13.

MILBERG&KOEPFER 1990

Milberg, J; Koepfer, T.: Wettbewerbsvorteile durch rechnerintegrierte Konstruktion und Produktion. In: Rechnerintegrierte Konstruktion und Produktion. Düsseldorf: VDI-Verlag 1990. (VDI-Berichte Nr. 830).

MILBERG U.A. 1992A

Milberg, J.; Schuster, G.; Woenckhaus, C.: Integration von Produktentwicklung und Montageplanung. TECHNICA 25 (1992) 7, S. 14-18.

MILBERG U.A. 1992B

Milberg, J; Schuster, G.; Fischbacher, J.: Montage- und demontagegerechte Produktgestaltung durch Integration von Produkt- und Arbeitssystemgestaltung. Düsseldorf: VDI-Verlag 1992, S. 207-231. (VDI Berichte Nr. 999)

MILBERG U. A. 1994

Milberg, J.; Reinhart, G.; Feldmann, C.: Integrierter Planungsarbeitsplatz. In: Sonderpublikation: Sonderforschungsbereich 336-Montageautomatisierung durch Integration von Konstruktion und Montageautomatisierung (Berichtsband 1992-1994). München: TU-München Eigenverlag 1994, S.39 - 66.

MÖHRLE 1989

Möhrle, M.: Petrinetze in der Produktionstechnik - Integration von Planung, Simulation und Steuerung von Produktionsanlagen. Bochum: PLS-Verlag, 1989.(Dissertation Ruhr-Universität Bochum 89/3).

NASSI & SHNEIDERMAN 1973

Nassi, I.; Shneierman, B.: Flowchart Techniques for Structured Programming. In: ACM-SIGPLAN Notices, 1973, S. 12-26 (Vol.8).

PAHL & BEITZ 1993

Pahl, G.; Beitz, W.: Konstruktionslehre. Methoden und Anwendung. 3. Aufl. Berlin: Springer 1993.

PARK 1992

Park, H. S.: Rechnerbasierte Montageplanung in der Mittelserienfertigung. Düsseldorf: VDI-Verlag, 1992. (VDI-Fortschrittsberichte Reihe 2 256).

PFEIFER 1993

Pfeifer, T.: Qualitätsmanagement. München: Hanser 1993.

PFEIFFER 1994

Pfeiffer, F.: Dynamik von Teilprozessen der Montage. In: Ehrlenspiel, K.: Arbeits- und Ergebnisbericht des SFB336. München: Tu-München 1994, S. 231-258.

PETRI 1962

Petri, C. A.: Kommunikation mit Automaten. Bonn: Schriften des Institutes für Instrumentelle Mathematik 1962.

PETRI 1982

Petri, C. A.: State-Transition Structures in Physics and in Computation. Int. Journal of Theoretical Physics 21 (1982) 12, S.251 - 260.

PRTM 1996

PRTM: Die schnellsten sind gerade schnell genug. Produktion (1996) 16, S. 6.

RAITH 1995

Raith, P.: Programmierung und Simulation von Zellenabläufen in der Arbeitsvorbereitung. Berlin: Springer 1995.

REFA 1971

REFA - Verband für Arbeitsstudien (Hrsg.): Methodenlehre der Planung und Steuerung - Teil 2: Planung. München: Carl Hanser, 1971.

REFA 1974

REFA - Verband für Arbeitsstudien (Hrsg.): Methodenlehre der Planung und Arbeitssteuerung - Teil 1: Grundlagen. München: Carl Hanser, 1974.

REFA 1987

REFA - Verband für Arbeitsstudien (Hrsg.): Planung und Gestalten komplexer Produktionssysteme. München: Carl Hanser, 1987.

REISIG 1986

Reisig, W.:Petrinetze - Eine Einführung. Berlin: Springer, 1986.

REINHART & FELDMANN 1995

Reinhart, G.; Feldmann, C.: Assembly Planning on the Basis of an Object Oriented Petri Net Model. In: M.H. Hamza (Hrsg.): Proceedings of the IASTED International Conference on "Applied Modelling, Simulation and Optimization". Cancun, Mexico. Anaheim: ACTA Press 1995, S. 249-253.

REITZLE 1984

Reitzle, W.: Industrieroboter. München: CW-Publikationen 1984.

RICHTER 1991

Richter, M.: Wissensbasierte CAD-Systemkomponente zum Entwurf montagegerechter Produkte. Berlin: Springer, 1991.

RICHTER 1992

Richter, M.: Integrierte Produktentwicklung und Montageplanung. REFA-Nachrichten 45 (1992) 2, S.10-21.

ROSS 1985

Ross, D. T.: Applications and Extensions of SADT. IEEE Computer Magazine 18 (1985) 4, S. 25-34.

ROẞGODERER & WOENCKHAUS 1995

Roßgoderer, U.; Woenckhaus, C.: A Concept for Automatical Layout Generation. In: Proceedings of the 1995 IEEE International Conference on Robotics and Automation, Nagoya (1995) Vol. 1, S.800-805.

ROCKLAND 1995

Rockland, M.: Flexibilisierung der automatischen Teilebereitsstellung in Montageanlagen. Berlin: Springer 1995.(iwb - Forschungsberichte 87)

RUMBAUGH 1991

Rumbaugh, J. u.a.: Object Oriented Modelling and Design. Englewood Cliffs: Prentice-Hall International 1991.

SCHARF&SPIES 1990

Scharf, P.; Spies, W.: Fabriksimulation - Ergebnisse einer Befragung von Anwendern. VDI-Z 132 (1990) 11, S. 62-65.

SCHEER 1990

Scheer, A. W.: Wirtschaftsinformatik Informationssystem im Industriebetrieb. 3. Aufl. Berlin: Springer, 1990.

SCHENK 1990

Schenk, D.: Information Modelling language EXPRESWS. Gaithersburg, MD., USAI: SO, ANSI-NIST: 1990 - Beitrag für ISO TC184/SC4/WG1 (N496).

SCHINKEL 1992

Schinkel, G.: Mit Strategie zum Erfolg. KEM . Konstruktion Elektronik Maschinenbau 29 (1992) 8, S. 34 - 35.

SCHMIDT 1991

Schmidt, M.: Konzeption und Einsatzplanung flexibel automatisierter Montagesysteme. Berlin:Springer,1992. (iwb-Forschungsberichte Bd. 41, S. 91).

SCHNEIDER 1994

Schneider, R.: Chancen in der Montageplanung. CIM-Management 10 (1994) 2, S. 52-57.

SCHÖNINGER & SPINGLER 1989

Schöninger, J.K.; Spingler, J. C.: Planung der Montageanlage. TECHNICA 14 (1989).

SCHUSTER 1992

Schuster, G.: Rechnergestütztes Planungssystem für die flexibel automatisierte Montage. Berlin: Springer, 1992. (iwb-Forschungsberichte Bd. 55).

SHLAER & MELLOR 1988

Shlaer, S.; Mellor, S. J.: Object-Oriented Systems Analysis: Modelling the World in Data. New York: Yourdon Press Computing Series, 1988.

SPUR U. A. 1993

Spur, G.; Mertins, K.; Jochem, R.: Integrierte Unternehmensmodellierung. Berlin:Beuth, 1993.

STROHMAYR 1992

Strohmayr, R.: Rechnergestützte Auswahl und Konfiguration von Zubringeinrichtungen flexibler Montagezellen. Berlin: Springer, 1992. (Dissertation TU-München 60).

STUTE U. A. 1977

Stute, G.; Heck, K.; Schinde, A.: Rechnerunterstützter Entwurf elektrischer Schaltungen. CAD-Bericht, KfK-CAD 22, März 1977.

SÜSSENGUTH 1991

Süssenguth, W.: Methoden zur Planung und Einführung rechnerintegrierter Produktionsprozesse. München: Hanser 1991. (Produktionstechnik Bd. 93)

THOME 1990

Thome, H.G.: Simulationsgestützte Planung und Betrieb von flexiblen Produktionssystemen im Regelkreis. Dissertation RWTH Aachen 1990.

TIETZE&BUDER 1977

Tietze; Buder: Bewertung der Automatisierbarkeit von Montageprozessen und Kriterien zur Maschinenauswahl. Fertigungstechnik und Betrieb 27 (1977), S. 102-104.

TÖNSHOFF & PARK 1991

Tönshoff, H. K.; Park, H. S.: Wissensbasierte Generierung von Montagevorgangsfolgen. VDI-Z 133 (1991) 4, S.48-54.

UNGEHEUER 1985

Ungeheuer, U.: Produkt- und Montagestrukturierung. Düsseldorf: VDI-Verlag, 1985. (VDI-Fortschrittsberichte Reihe 2, Nr. 112).

VDI//VDE/VDQ 2619 1985

VDI//VDE/VDQ 2619: Richtlinie zur Prüfplanung. Berlin: Beuth 1985.

VDI-RICHTLINIE 2221

VDI-Richtlinie 2221: Methodik zum Entwickeln und Konstruieren technischer Systeme und Produkte. Düsseldorf: VDI-Verlag 1993.

VDI-RICHTLINIE 2222

VDI-Richtlinie 2222: Konstruktionsmethodik, Erstellung und Anwendung von Konstruktionskatalogen. Düsseldorf: VDI-Verlag 1982.

VDI-RICHTLINIE 2860

VDI-Richtlinie 2860: Montage- und Handhabungstechnik. Düsseldorf: VDI-Verlag, 1990.

VDI-RICHTLINIE 3260

VDI-Richtlinie 3260: Funktionsdiagramme von Arbeitsmaschinen und Fertigungsanlagen. Düsseldorf: VDI-Verlag 1977.

VDMA 1996

VDMA: Die Renner im Maschinenbau. Produktion (1996) 16, S. 1.

WALTHER 1985

Walther, J.: Systematische Planung flexibel automatisierter Montageanlagen. VDI-Z 127 (1985) 9, S.313-318.

WARNECKE 1978

Warnecke, H.-J.: Kostenrechnung für Ingenieure. München: Carl Hanser, 1978.

WARNECKE 1981

Warnecke, H.-J.; Bullinger, H.J.; Hichert, F.: Kostenrechnung für Ingenieure. München: Hanser, 1981.

WEICHAND 1985

Weichand, M.: Integration des Planungs- und Konstruktionsprozesses durch rechnerinterne Modellbildung. VDI-Z 127 (1985) 23/24.

WIENEKE-TOUTAOUI 1987

Wieneke-Toutaoui, B.: Rechnerunterstütztes Planungssystem zur Auslegung von Fertigungsanlagen. München: Carl Hanser, 1987.

WILDEMANN 1987

Wildemann, H.: Investitionsplanung und Wirtschaftlichkeitsrechnung für flexible Fertigungssysteme (FFS). Stuttgart: Schäffer-Fachverlag, 1987.

WILDEMANN 1992

Wildemann, H.: Qualitätsentwicklung in F&E, Produktion und Logistik. Zeitschrift für Betriebswirtschaft (ZfB) 62 (1992) 1, S. 23 - 41.

WILDEMANN 1993

Wildemann, H.: Just in Time in Forschung & Entwicklung und Konstruktion. In: F & E Markt-, montage-, fertigungs- und logistikgerechte Produktentwicklung. Tagungsbericht F&E Kolloqium. München: Transfer Centrum 1993.

WITTE 1991

Witte, K.-W.: Planung und Steuerung auftragsbezogener Montagen. Düsseldorf: VDI-Verlag 1991, S. 209-229. (VDI-Bericht 999)

WOENCKHAUS 1992

Woenckhaus, C. u. a.: Integration von Produktentwicklung und Montageplanung am Beispiel der automatischen Montage. In: Feldmann K. (Hrsg.): Montageplanung in CIM., Berlin: Springer 1992.

WOENCKHAUS 1994

Woenckhaus, C.: Rechnergestütztes System zur automatisierten 3D-Layoutoptimierung. Berlin: Springer 1994.

WRBA 1990

Wrba, P.: Simulation als Werkzeug in der Handhabungstechnik. Berlin: Springer, 1990.

ZÜLCH & WALDHIER 1992

Zülch, G.; Waldhier, T.: Integrierte Produktentwicklung und Montageplanung. Hochschulgruppe Arbeits- und Betriebsorganisation HAB e.V., Forschungsbericht 4, München: Eigenverlag 1992.

iwb Forschungsberichte

Berichte aus dem Institut für Werkzeugmaschinen und Betriebswissenschaften der Technischen Universität München

Herausgeber: Prof. Dr.-Ing. J. Milberg und Prof. Dr.-Ing. G. Reinhart

---

1 **Streifinger, E.**
Beitrag zur Sicherung der Zuverlässigkeit und Verfügbarkeit moderner Fertigungsmittel
1986. 72 Abb. 167 Seiten, ISBN 3-540-16391-3 — 68,- DM

2 **Fuchsberger, A.**
Untersuchung der spanenden Bearbeitung von Knochen
1986. 90 Abb. 175 Seiten, ISBN 3-540-16392-1 — 68,- DM

3 **Maier, C.**
Montageautomatisierung am Beispiel des Schraubens mit Industrierobotern
1986. 77 Abb. 144 Seiten, ISBN 3-540-16393-X — 68,- DM

4 **Summer, H.**
Modell zur Berechnung verzweigter Antriebsstrukturen
1986. 74 Abb. 197 Seiten, ISBN 3-540-16394-8 — 68,- DM

5 **Simon, W.**
Elektrische Vorschubantriebe an NC-Systemen
1986. 141 Abb. 198 Seiten, ISBN 3-540-16693-9 — 68,- DM

6 **Büchs, S.**
Analytische Untersuchungen zur Technologie der Kugelbearbeitung
1986. 74 Abb. 173 Seiten, ISBN 3-540-16694-7 — 68,- DM

7 **Hunzinger, I.**
Schneiderodierte Oberflächen
1986. 79 Abb. 162 Seiten, ISBN 3-540-16695-5 — 68,- DM

8 **Pilland, U.**
Echtzeit-Kollisionsschutz an NC-Drehmaschinen
1986. 54 Abb. 127 Seiten, ISBN 3-540-17274-2 — 68,- DM

9 **Barthelmeß, P.**
Montagegerechtes Konstruieren durch die Integration von Produkt- und Montageprozeßgestaltung
1987. 70 Abb. 144 Seiten, ISBN 3-540-18120-2 — 68,- DM

10 **Reithofer, N.**
Nutzungssicherung von flexibel automatisierten Produktionsanlagen
1987. 84 Abb. 176 Seiten, ISBN 3-540-18440-6 — 68,- DM

11 **Diess, H.**
Rechnerunterstützte Entwicklung flexibel automatisierter Montageprozesse
1988. 56 Abb. 144 Seiten, ISBN 3-540-18799-5 — 73,- DM

12 **Reinhart, G.**
Flexible Automatisierung der Konstruktion
und Fertigung elektrischer Leitungssätze
1988, 112 Abb. 197 Seiten, ISBN 3-540-19003-1 73,- DM

13 **Bürstner, H.**
Investitionsentscheidung in der rechnerintegrierten Produktion
1988, 77Abb. 190 Seiten, ISBN 3-540-19099-6 73,- DM

14 **Groha, A.**
Universelles Zellenrechnerkonzept für flexible Fertigungssysteme
1988, 74 Abb. 153 Seiten, ISBN 3-540-19182-8 73,- DM

15 **Riese, K.**
Klipsmontage mit Industrierobotern
1988, 92 Abb. 150 Seiten, ISBN 3-540-19183-6 73,- DM

16 **Lutz, P.**
Leitsysteme für rechnerintegrierte Auftragsabwicklung
1988, 44 Abb. 144 Seiten, ISBN 3-540-19260-3 73,- DM

17 **Klippel, C.**
Mobiler Roboter im Materialfluß eines flexiblen Fertigungssystems
1988, 86 Abb. 164 Seiten, ISBN 3-540-50468-0 73,- DM

18 **Rascher, R.**
Experimentelle Untersuchungen zur Technologie der Kugelherstellung
1989, 110 Abb. 200 Seiten, ISBN 3-540-51301-9 73,- DM

19 **Heusler, H.-J.**
Rechnerunterstützte Planung flexibler Montagesysteme
1989, 43 Abb. 154 Seiten, ISBN 3-540-51723-5 73,- DM

20 **Kirchknopf, P.**
Ermittlung modaler Parameter aus Übertragungsfrequenzgängen
1989, 57 Abb. 157 Seiten, ISBN 3-540-51724 73,- DM

21 **Sauerer, Ch.**
Beitrag für ein Zerspanprozeßmodell Metallbandsägen
1990, 89 Abb. 166 Seiten, ISBN 3-540-51868-1 78,- DM

22 **Karstedt, K.**
Positionsbestimmung von Objekten in der Montage-
und Fertigungsautomatisierung
1990, 92 Abb. 157 Seiten, ISBN 3-540-51879-7 78,- DM

23 **Peiker, St.**
Entwicklung eines integrierten NC-Planungssystems
1990, 66 Abb. 180 Seiten, ISBN 3-540-51880-0 78,- DM

24 **Schugmann, R.**
Nachgiebige Werkzeugaufhängungen für die automatische Montage
1990. 71 Abb. 155 Seiren, ISBN 3-540-52138-0 78,- DM

25 **Wrba, P**
Simulation als Werkzeug in der Handhabungstechnik
1990, 125 Abb., 178 Seiten, ISBN 3-540-52231-X 78,- DM

26 **Eibelshäuser, P.**
Rechnerunterstützte experimentelle Modalanalyse
mitells gestufter Sinusanregung
1990, 79 Abb., 156 Seiten, ISBN 3-540-52451-7 78,- DM

27 **Prasch, J.**
Computerunterstützte Planung von chirurgischen Eingriffen
in der Orthopädie
1990, 113 Abb., 164 Seiten, ISBN 3-540-52543-2 78,- DM

28 **Teich, K.**
Prozeßkommunikation und Rechnerverbund in der Produktion
1990, 52 Abb., 158 Seiten, ISBN 3-540-52764-8 78,- DM

29 **Pfrang, W.**
Rechnergestützte und graphische Planung manueller
und teilautomatisierter Arbeitsplätze
1990, 59 Abb., 153 Seiten, ISBN 3-540-52829-6 78,- DM

30 **Tauber, A.**
Modellbildung kinematischer Stukturen
als Komponente der Montageplanung
1990, 93 Abb., 190 Seiten, ISBN 3-540-52911-X 78,- DM

31 **Jäger, A.**
Systematische Planung komplexer Produktionssysteme
1991, 75 Abb., 148 Seiten, ISBN 3-540-53021-5 78,- DM

32 **Hartberger, H.**
Wissensbasierte Simulation komplexer Produktionssysteme
1991, 58 Abb., 154 Seiten, ISBN 3-540-53326-5 78,- DM

33 **Tuczek H.**
Inspektion von Karosseriepreßteilen auf Risse und Einschnürungen
mittels Methoden der Bildverarbeitung
1992, 125 Abb., 179 Seiten, ISBN 3-540-53965-4 88,- DM

34 **Fischbacher, J.**
Planungsstrategien zur strömungstechnischen Optimierung
von Reinraum-Fertigungsgeräten
1991, 60 Abb., 166 Seiten, ISBN 3-540-54027-X 78,- DM

35 **Moser, O.**
3D-Echtzeitkollisionsschutz für Drehmaschinen
1991, 66 Abb., 177 Seiten, ISBN 3-540-54076-8 78,- DM

36 **Naber, H.**
Aufbau und Einsatz eines mobilen Roboters mit
unabhängiger Lokomotions- und Manipulationskomponente
1991, 85 Abb., 139 Seiten, ISBN 3-540-54216-7 78,- DM

37 **Kupec, Th.**
Wissensbasiertes Leitsystem zur Steuerung flexibler Fertigungsanlagen
1991, 68 Abb., 150 Seiten, ISBN 3-540-54260-4 78,- DM

38 **Maulhardt, U.**
Dynamisches Verhalten von Kreissägen
1991, 109 Abb., 159 Seiten, ISBN 3-540-54365-1 78,– DM

39 **Götz, R.**
Stukturierte Planung flexibel automatisierter Montagesysteme für flächige Bauteile
1991, 86 Abb., 201 Seiten, ISBN 3-540-54401-1 78,– DM

40 **Koepfer, Th.**
3D-grafisch-interaktive Arbeitsplanung – ein Ansatz zur Aufhebung der Arbeitsteilung
1991, 74 Abb., 126 Seiten, ISBN 3-540-54436-4 78,– DM

41 **Schmidt, M.**
Konzeption und Einsatzplanung flexibel automatisierter Montagesysteme
1992, 108 Abb., 168 Seiten, ISBN 3-540-55025-9 88,– DM

42 **Burger, C.**
Produktionsregelung mit entscheidungsunterstützenden Informationssystemen
1992, 94 Abb., 186 Seiten, ISBN 5-540-55187-5 88,– DM

43 **Hoßmann, J.**
Methodik zur Planung der automatischen Montage von nicht formstabilen Bauteilen
1992, 73 Abb., 168 Seiten, ISBN 3-540-5520-0 88,– DM

44 **Petry, M.**
Systematik zur Entwicklung eines modularen Programmbaukastens für robotergeführte Klebeprozesse
1992, 106 Abb., 139 Seiten ISBN 3-540-55374-6 88,– DM

45 **Schönecker, W.**
Integrierte Diagnose in Produktionszellen
1992, 87 Abb., 159 Seiten, ISBN 3-540-55375-4 88,– DM

46 **Bick, W.**
Systematische Planung hybrider Montagesyste unter Berücksichtigung der Ermittlung des optimalen Automatisierungsgrades
1992, 70 Abb., 156 Seiten ISBN 3-540-55377-0 88,– DM

47 **Gebauer, L.**
Prozeßuntersuchungen zur automatisierten Montage von optischen Linsen
1992, 84 Abb., 150 Seiten, ISBN 3-540-55378-9 88,– DM

48 **Schrüfer, N.**
Erstellung eines 3D-Simulationssystems zur Reduzierung von Rüstzeiten bei der NC-Bearbeitung
1992, 103 Abb., 161 Seiten, ISBN 3-540-55431-9 88,– DM

49 **Wisbacher, J.**
Methoden zur rationellen Automatisierung der Montage von Schnellbefestigungselementen
1992, 77 Abb., 176 Seiten, ISBN 3-540-55512-9 88,– DM

50 **Garnich. F.**
Laserbearbeitung mit Robotern
1992, 110 Abb., 184 Seiten, ISBN 3-540-55513-7 88,– DM

51 **Eubert, P.**
Digitale Zustandsregelung elektrischer Vorschubantriebe
1992, 89 Abb., 159 Seiten, ISBN 3-540-44441-2 88,- DM

52 **Glaas, W.**
Rechnerintegrierte Kabelsatzfertigung
1992, 67 Abb., 140 Seiten, ISBN 3-540-55749-0 88,- DM

53 **Helml, H.J.**
Ein Verfahren zur on-line Fehlererkennung und Diagnose
1992, 60 Abb., 153 Seiten, ISBN 3-540-55750-4 88,- DM

54 **Lang, Ch.**
Wissensbasierte Unterstützung der Verfügbarkeitsplanung
1992, 75 Abb., 150 Seiten, ISBN 3-540-55751-2 88,- DM

55 **Schuster, G.**
Rechnergestütztes Planungssystem für die flexibel automatisierte Montage
1992, 67 Abb., 135 Seiten, ISBN 3-540-55830-6 88,- DM

56 **Bomm, H.**
Ein Ziel- und Kennzahlensystem zum Investitionscontrolling komplexer Produktionssysteme
1992, 87 Abb., 195 Seiten, ISBN 3-540-55964-7 88,- DM

57 **Wendt, A.**
Qualitätssicherung in flexibel automatisierten Montagesystemen
1992, 74 Abb., 179 Seiten, ISBN 3-540-56044-0 88,- DM

58 **Hansmaier, H.**
Rechnergestütztes Verfahren zur Geräuschminderung
1993, 67 Abb., 156 Seiten, ISBN 3-540-56043-2 88,- DM

59 **Dilling, U.**
Planung von Fertigungssystemen unterstützt durch Wirtschaftlichkeitssimulation
1993, 72 Abb., 146 Seiten, ISBN 3-540-56307-5 88,- DM

60 **Strohmayr, R.**
Rechnergestützte Auswahl und Konfiguration von Zubringeeinrichtungen
1993, 80 Abb., 152 Seiten, ISBN 3-540-56652-X 88,- DM

61 **Glas, J.**
Standardisierter Aufbau anwendungsspezifischer Zellenrechnersoftware
1993, 80 Abb., 145 Seiten, ISBN 3-540-56890-5 88,- DM

62 **Stetter, R.**
Rechnergestützte Simulationswerkzeuge zur Effizienzsteigerung des Industrierobotereinsatzes
1994, 91 Abb., 146 Seiten, ISBN 3-540-568891 88,- DM

63 **Dirndorfer, A.**
Robotersysteme zur förderbandsynchronen Montage
1993, 76 Abb, 144 Seiten, ISBN 3-540-57031-4 88,- DM

64 **Wiedemann, M.**
Simulation des Schwingungsverhaltens spanender Werkzeugmaschinen
1993, 81 Abb., 137 Seiten, ISBN 3-540-57177-9 88,- DM

65 **Woenckhaus, Ch.**
Rechnergestütztes System zur automatisierten 3D-Layoutoptimierung
1994, 81 Abb., 140 Seiten,ISBN 3540-57284-8 88,- DM

66 **Kummetsteiner, G.**
3D-Bewegungssimulation als integratives Hilfsmittel zur Planung manueller Montagesysteme
1994, 62 Abb.; 146 Seiten, ISBN 3-540-57535-9 88,- DM

67 **Kugelmann, F.**
Einsatz nachgiebiger Elemente zur wirtschaftlichen Automatisierung von Produktionssystemen
1993, 76 Abb., 144 Seiten, ISBN 3-540-57549-9 88,- DM

68 **Schwarz, H.**
Simulationsgestützte CAD/CAM-Kopplung für die 3D-Laserbearbeitung mit integrierter Sensorik
1994, 96 Abb., 148 Seiten, ISBN 3-540-57577-4 88,- DM

69 **Viethen, U.**
Systematik zum Prüfen in Flexiblen Fertigungssytemen
1994, 70 Abb., 142 Seiten, ISBN 3-540-57794-7 88,- DM

70 **Seehuber, M.**
Automatische Inbetriebnahme geschwindigkeitsadaptiver Zustandsregler
1994, 72 Abb., 155 Seiten, ISBN 3-540-57896-X 88,- DM

71 **Amann, W.**
Eine Simulationsumgebung für Planung und Betrieb von Produktionssystemen
1994, 71 Abb., 129 Seiten, ISBN 3-540-57924-9 88,- DM

73 **Welling, A.**
Effizienter Einsatz bildgebender Sensoren zur Flexibilisierung automatisierter Handhabungsvorgänge
1994, 66 Abb., 139 Seiten, ISBN 3-540-580-0 88,- DM

74 **Zetlmayer, H,**
Verfahren zur simulationsgestützen Produktionsregelung in der Einzel- und Kleinserienproduktion
1994, 62 Abb., 143 Seiten, ISBN 3-540-58134-0 88,- DM

75 **Lindl, M.**
Auftragsleittechnik für Konstruktion und Arbeitsplanung
1994, 66 Abb,. 147 Seiten, ISBN 3-540-58221-5 88,- DM

76 **Zipper, B.**
Das integrierte Betriebsmittelwesen – Baustein einer flexiblen Fertigung
1994, 64 Abb., 147 Seiten, ISBN 3-540-58222-3 88,- DM

77 **Raith, P.**
Programmierung und Simulation von Zellenabläufen in der Arbeitsvorbereitung
1995, 51 Abb., 130 Seiten, ISBN 3-540-58223-1 88,- DM

78 **Engel, A.**
Strömungstechnische Optimierung von Produktionssystemen durch Simulation
1994, 69 Abb., 160 Seiten, ISBN 3-540-58258-4 88,- DM

79 **Zäh, M. F.**
Dynamisches Prozeßmodell Kreissägen
1995, 95 Abb., 186 Seiten, ISBN 3-540-58624-5 88,– DM

80 **Zwanzer, N.**
Technologisches Prozeßmodell für die Kugelschleifbearbeitung
1995, 65 Abb., 150 Seiten, ISBN 3-540-58634-2 88,– DM

81 **Romanow, P.**
Konstruktionsbegleitende Kalkulation von Werkzeugmaschinen
1995, 66 Abb., 151 Seiten, ISBN 3-540-58771-3 88,– DM

82 **Kahlenberg, R.**
Integrierte Qualitätssicherung in flexiblen Fertigungszellen
1995, 71 Abb., 136 Seiten, ISBN 3-540-58772-1 88,– DM

83 **Huber, A.**
Arbeitsfolgenplannung mehrstufiger Prozesse in der Hartbearbeitung
1995, 87 Abb., 152 Seiten, ISBN 3-540-58773-X 88,– DM

84 **Birkel, G.**
Aufwandsminimierter Wissenserwerb für die Diagnose
in flexiblen Produktionszellen
1995, 64 Abb., 137 Seiten, ISBN 3-540-58869-8 88,– DM

85 **Simon, D.**
Fertigungsregelung durch zielgrößenorientierte Planung und
logistisches Störungsmanagment
1995, 77 Abb., 132 Seiten, ISBN 3-540-58942-2 88,– DM

86 **Nedeljkovic-Groha, V.**
Systematische Planung anwendungsspezifischer Materialflußsteuerungen
1995, 94 Abb., 188 Seiten, ISBN 3-540-58953-8 88,– DM

87 **Rockland, M.**
Flexibilisierung der automatischen Teilebereitstellung in Montageanlagen
1995, 83 Abb., 151 Seiten, ISBN 3-540-58999-6 88,– DM

88 **Linner, St.**
Konzept einer integrierten Produktentwicklung
1995, 67 Abb., 168 Seiten, ISBN 3-540-59016-1 88,– DM

89 **Eder, Th.**
Integrierte Planung von Informationssystemen für rechnergestützte
Produktionssysteme
1995, 62 Abb., 150 Seiten, ISBN 3-540-59084-6 88,– DM

90 **Deutschle, U.**
Prozeßorientierte Organisation der Auftragsentwicklung in mittelständischen
Unternehmen
1995, 80 Abb., !88 Seiten, ISBN 3-540-59337-3 88,– DM

91 **Dieterle, A.**
Recyclingintegrierte Produktentwicklung
1995, 68 Abb., 146 Seiten, ISBN 3-540-60120-1 88,– DM

92 **Hechl, Ch.**
Personalorientierte Montageplanung für komplexe
und variantenreich Produkte
1995, 73 Abb., 158 Seiten, ISBN 3-540-60325-5 88,– DM

93 **Albertz, F.**
Dynamikgerechter Entwurf von Werkzeugmaschinen – Gestellstrukturen
1995, 83 Abb., 156 Seiten, ISBN 3-540-60606-8 88,– DM

94 **Trunzer, W.**
Strategien zur On-Line Bahnplanung bei Robotern mit 3D-Konturfolgesensoren
1996, 101 Abb., 164 Seiten, ISBN 3-540-60961-X 88,– DM

95 **Fichtmüller, N.**
Rationalisierung durch flexible, hybride Montagesysteme
1996, 83 Abb., 145 Seiten, ISBN 3-540-60960-1 88,– DM

96 **Trucks, V.**
Rechnergestützte Beurteilung von Getriebestrukturen in Werkzeugmaschinen
1996, 64 Abb., 141 Seiten, ISBN 3-540-60599-8 88,– DM

97 **Schäffer, G.**
Systematische Integration adaptiver Produktionssysteme
1996, 71 Abb., 170 Seiten, ISBN 3-540-60958-X 88,– DM

98 **Koch, M. R.**
Autonome Fertigungszellen – Gestaltung, Steuerung und
integrierte Störungsbehandlung
1996, 67 Abb., 138 Seiten, ISBN 3-540-61104-5 88,– DM

99 **Moctezuma de la Barrera, J. L.**
Ein durchgängiges System zur computer- und roboterunterstützten Chirurgie
1996, 99Abb., 175 Seiten, ISBN 3-540-61145-2 88,– DM

100 **Geuer, A.**
Einsatzpotential des Rapid Prototyping in der Produktentwicklung
1996, 84 Abb., 154 Seiten, ISBN 3-540-61495-8 88,– DM

101 **Ebner, C**
Ganzheitliches Verfügbarkeits- und Qualitätsmanagement unter
Verwendung von Felddaten
1996, 67 Abb., 132 Seiten, ISBN 3-540-61678-0 88,– DM

102 **Pischeltsrieder, K.**
Steuerung autonomer mobiler Roboter in der Produktion
1996, 74 A., 171 Seiten, ISBN 3-540-61714-0 88,– DM

103 **Köhler, R.**
Disposition und Materialbereitstellung bei komplexen
variantenreichen Kleinserienprodukten
1997, 62 Abb., 177 Seiten, ISBN 3-540-62024-9 88,– DM

104 **Feldmann. Ch.**
Eine Methode für die integrierte rechnergestützte Montageplanung
1997, 71 Abb., 163 Seiten, ISBN 3-540-62059-1 88,– DM

105 **Lehmann, H.**
Integrierte Materialfluß- und Layoutplanung durch Kopplung
von CAD- und Ablaufsimulationssystem
1997, 96 Abb., 191 Seiten, ISBN 3-540-62202-0 88,– DM

Die Bände sind im Erscheinungsjahr und in den folgenden drei Kalenderjahren
zu beziehen durch den örtlichen Buchhandel
oder durch Lange & Springer, Otto-Suhr-Allee 26-28, 10585 Berlin

GPSR Compliance

The European Union's (EU) General Product Safety Regulation (GPSR) is a set of rules that requires consumer products to be safe and our obligations to ensure this.

If you have any concerns about our products, you can contact us on ProductSafety@springernature.com

In case Publisher is established outside the EU, the EU authorized representative is:

Springer Nature Customer Service Center GmbH
Europaplatz 3
69115 Heidelberg, Germany

Batch number: 10682421

Printed by Printforce, the Netherlands